临界点

许单单 著

如何实现指数级增长的人生

中信出版集团 | 北京

图书在版编目（CIP）数据

临界点：如何实现指数级增长的人生 / 许单单著. -- 北京：中信出版社，2022.2
ISBN 978-7-5217-3753-0

I.①临⋯ II.①许⋯ III.①成功心理－通俗读物 IV.① B848.4-49

中国版本图书馆 CIP 数据核字（2021）第 225495 号

临界点：如何实现指数级增长的人生

著者： 许单单
出版发行：中信出版集团股份有限公司
（北京市朝阳区惠新东街甲 4 号富盛大厦 2 座　邮编 100029）
承印者：北京诚信伟业印刷有限公司

开本：880mm×1230mm 1/32　印张：8.75　字数：173 千字
版次：2022 年 2 月第 1 版　印次：2022 年 2 月第 1 次印刷
书号：ISBN 978-7-5217-3753-0
定价：59.00 元

版权所有·侵权必究
如有印刷、装订问题，本公司负责调换。
服务热线：400-600-8099
投稿邮箱：author@citicpub.com

目 录

推荐序一　登上你的山顶——从战略到执行 / 语嫣　　VII
推荐序二　每个人都有自己的路，
　　　　　通往它的钥匙在你手里 / 李一诺　　XIII
前　言　　做一个优秀的人，没那么难　　XVII

引　言　顶尖的人和事背后的根本规律
　　超越临界点　　002
　　多一点点，就够了　　006
　　指数级增长的 8 条路径　　009

第一章　眼界：避免在低维度上努力
　　别掉进"过度聪明"的陷阱　　018
　　你有"请教名单"吗　　023
　　约前辈吃饭　　025
　　大佬自传，开卷有益　　027
　　身体跟灵魂最好都在路上　　029
　　10 杯咖啡换来的见识宝藏　　031
　　结语　　033

第二章　人脉：需要被正视的高质量红利

忘记别人的头衔　　　　　　　　　040
别藏着你的欣赏　　　　　　　　　043
听得进话也是一种本事　　　　　　045
找到你的差异化优势　　　　　　　048
控制"出镜率"　　　　　　　　　050
忘记人脉，记住朋友　　　　　　　053
结语　　　　　　　　　　　　　　054

第三章　被看见：主动创造机会，点燃成长"引线"

打好气质仗　　　　　　　　　　　062
大公司的"第一排效应"　　　　　064
极度努力，超额回报　　　　　　　068
做一个"会吆喝"的人　　　　　　072
PPT里的每个字都要征服观众　　　074
结语　　　　　　　　　　　　　　076

第四章　假装：尽早把自己塞进成长"练兵场"

破洞裤、红头发，我不是原来的我了　081
假装你行，直到你真的行　　　　　085
忘记"性格"这个坑　　　　　　　087
心里很焦虑，手上不能停　　　　　090
结语　　　　　　　　　　　　　　093

第五章　相对优势：在优势战场取得十倍战果

　　用相对优势做决策　　　　　　　　　099
　　把生命中的"点"连起来　　　　　　103
　　不做冠军，做唯一　　　　　　　　　108
　　把"二向箔"投向对的战场　　　　　110
　　结语　　　　　　　　　　　　　　　114

第六章　长期主义：想要获得指数级成长，就得学会算大账

　　如何选指数级增长的工作　　　　　　120
　　要避免"35岁危机"，你该怎么做　　123
　　人不盯着远方，就会盯着眼前　　　　126
　　借高手算账　　　　　　　　　　　　128
　　做看不到结果的事　　　　　　　　　131
　　结语　　　　　　　　　　　　　　　134

第七章　换位思考：想满足自己，先满足别人

　　把面试官聊兴奋，你就赢了　　　　　142
　　忘记对手，研究裁判　　　　　　　　146
　　3句自问，转换视角　　　　　　　　149
　　PPT的标题就是观点　　　　　　　　152
　　别说"我以为"　　　　　　　　　　154
　　结语　　　　　　　　　　　　　　　157

第八章 选择：选对轨道，加速跃迁

- 选择坐"火箭"而非"巨轮" 163
- 你的心是最诚实的 169
- 世界首富的"遗憾最小化"模型 174
- 结语 177

第九章 珍惜心底那份涌动，你应该是个优秀的人

- 用"外挂"和"造血策略"制造优秀体感 188
- 世界终会予你回报 189
- 三年观察期 191
- 给自己找一位成长偶像 192

附 录

职业成长有连续性，有些经验和能力需要慢慢沉淀
  绿城未来数智科技 HRD 刘静 197

在工作中，一手实践是比二手整合更好的反馈
  有赞 HRVP 王贺 201

收起旺盛的表现欲，简单有效的面试表达更加分
  曹操出行 HRVP 方瑾 205

找到你的"边界感"，不断拓宽"边界"
  三七互娱 HRVP 罗娟 209

聪明、勤奋是关键的人才选拔标准
  涂鸦智能 HRD 安莹 213

当你追求把手头的事情做到极致，你就已经脱颖而出了
  广发信用卡 HRVP 聂庆   217

让面试官看到你的深度思考
  Fordeal HRVP 屹宇   221

下班后做什么决定了你的人生
  小鹏汽车 HRVP 吴宇   225

年轻人可以有竞争意识，但越重要的岗位越需要同理心
  云货 HRVP 伍洋   229

年轻人最核心的能力是解决问题的能力
  凤凰网 HRVP 袁娜   233

十年 HR 视角，谈人才的卓越之道
  安恒信息 HRD 吴澄   237

后　记   245

推荐序一

登上你的山顶——从战略到执行

语嫣

淘宝网前总裁

阿里巴巴集团荣誉合伙人

和单单的接触始于湖畔的课堂，我感觉他很年轻，也很聪明，如果说他与别人有什么不同，应该说是他特别固执和认真。很多时候，"固执"貌似是一个贬义词，通常我们都会使用比较中性的"坚持"来形容一个人，我之所以一开始感觉他是固执而不是坚持，大概是因为我们在讨论拉勾的战略选择时，我问他到底要做一个什么公司，他说不清楚到底是想做互联网招聘还是建立一个互联网人才职业成长平台。但最终，他还是坚持要做职业成长和教育。

直到课程结束后大半年，我再一次去他公司访问的时候，他和我讲了他表弟的故事，我这才明白他为什么坚持要做职业成长和教育。我想，在陪伴表弟从初中辍学的打工仔成长为高级职业经理人的过程中，他发现了每个人都有自己独特的闪光之处，也感受到陪伴、鼓励和指导在成长之路上的重要性，这应该就是他创办拉勾的初心和他写这本书的原因。

单单是一个非常理性的人，凡事总想找到方法论，所以他总结的方法论也是相当理性的，这份理性和对方法论的执着在这本书中有着浓烈的体现。你会发现，单单十分严谨地总结了一系列具体可操作的指数级成长行动指南，供你对照落实。它们源自一个80后小镇青年略显传奇而又无比真实的成长经历，同时蕴含了一位试图陪伴更多年轻人职业成长的企业家的见闻和洞察。巧合的是，我在湖畔开的课是"战略到执行"，所以也想尝试从方法论角度做一个简单的分享，即如何登上你"自己的山顶"，走上成长之路。

战略是什么呢？就是为了达到一个目标所做的资源配置。所以，战略必须由一个目标和实现路径，以及一系列行动组成。

有人说，人生是一场无限游戏，无限游戏的目标是将游戏一直玩下去，不退场。但是每一个阶段，要将游戏玩下去的目标是不一样的：少年阶段的目标是储备能量和能力；老年阶段的目标是身体健康、保持好的生活质量；而在初入职场的阶段，你的目标就是登上你自己的山顶，为成长埋下早期的种子。

每个人都是独一无二的，所以我们都有"自己的山顶"。如何找到你"自己的山顶"呢？

我觉得和战略一样，这可以从三个方面去考虑。首先，你想做什么？我们可以问问自己的兴趣、爱好是什么，或者哪一类型的事情是让自己乐此不疲的，这是你内心的动力所在，你必须要好好发现。其次，你能做什么？脚踏实地地思考自己的能力、擅长的方面，要很客观地评估自己，也可以找朋友、老师、父母聊聊，听听他们对你的评价并作为参考。最后，也要考虑你可以做的是什么。这是指外部环境、市场对人才的需求情况。将三个方面综合在一起，再找出它们的交集，那就是你该去往的方向，指向你"自己的山顶"。

"自己的山顶"有时候不会一下子就很清晰，需要慢慢寻找，但是通过上面的方法，至少你可以确定不做什么。这一点是非常重要的，因为人的精力有限，最怕的就是不聚焦、"撒胡椒面"，忙忙碌碌做了很多却没有成效。成长的过程中，放弃是最难学习的，与其在过程中放弃，不如一开始就想清楚不做什么。

一旦确定了最终的目标，你就可以为自己设置一个个阶段性目标了，实现阶段性目标的时间长度可以是一年或者三年。然后看看实现这个阶段性目标需要的能力和知识是什么、路径是什么，再以此制订出一系列行动计划，逐步去实施。初入职场，不免会迷茫、慌乱，这个时候，能够看到三五年的发展方向，并为此开始准备和积蓄力量至关重要，除了职场上短期需要的能力，也要有意识地培养"登顶"的能力，这样才能厚积薄发。

到底如何去做呢？和单单一样，我在回顾和总结自己早年成长故事的过程中，同样挖掘出了一些亲测有效的"战术经验"。我想举个自己考大学的例子给大家参考。

我考大学的时候才 17 岁，性格比较随性，对分数、排名也没有什么太大的感觉，觉得考上大学是件理所应当的事情，因此对自己的学业并不是很上心。直到高考前一个月，我还沉浸于考虑给同学的毕业留念册上写什么、画什么更有趣之类的事情。结果，班主任发现后，把我叫去谈话。班主任从初中到高中教了我五年，非常了解我的脾气和性格，她语重心长地对我说："你要好好学习了，努力一下，你一定能考上大专的。"我当时非常生气，倔强地和老师说："我必须考上本科，我才不上大专呢！"

老师这番话给了我一个考本科的目标（想做），因为牛皮吹出去了，要它不破还是需要行动的。

于是，我做了几件事情。首先，找出高考的出题规范，研究每一门课的出题方式，发现高考题基本都是按照基础题 60%、提高题 20%、难题 20% 这样的比例出的。我又找了前几年浙江省的本科分数线，算了本科录取线的平均值，以及每科分数的平均值。这一算大大增强了我的信心，因为我发现，考上本科只需要平均每科考 75 分左右就可以了（可做）。

然后，我根据自己掌握每门课的情况，给每门课都确定了一个目标分数和一个冲刺分数，所幸目标分数加起来也基本可以达到本科的分数线了（能做）。

最后，我制订了一个30天行动计划（该做），并严格执行，合理分配每一门课的复习时间，做了三轮复习计划：根据出题的大纲和目标分数进行第一轮复习，再根据冲刺分数进行第二轮复习，最后一轮复习是把所有教科书读一遍。复习的方式也根据自己的特点做了规划。比如：针对数理化三科，放弃刷题，专注于对公式、原理的理解，然后重点掌握教学大纲上的重点以及对应的题型变化；针对文科类的科目，我最不擅长的就是"背"，所以最后我把课本当作小说，采取通读和理解的方式，放弃了死记硬背……在30天的时间里，我对每门课都做到了完全掌握基础部分和提高部分的知识点，以及对薄弱环节的查漏补缺，并且每一科都复习了三轮。

这个复习方式效果很好。同时，因为研究了出题方式，我在高考考场上心理稳定，发挥正常，语文还考了全校第一。最后，我的成绩不仅达到还超过了本科分数线，我也成为当年我们学校最大的黑马。

在职场上也是一样，有了"自己的山顶"，就要有计划，并且认真实施。17岁的我做得到，相信你们一样可以做到。我也相信，单单在本书中的分享能够从实际方法论层面给大家极大的指引。

加油，未来是你们的！

推荐序二

每个人都有自己的路，通往它的钥匙在你手里

李一诺

一土教育创始人

麦肯锡咨询公司前全球合伙人

盖茨基金会前驻北京负责人

与单单的交集源于我的先生华章。华章和单单是一个活动里的同学。单单知道我和华章创立了一土学校，就推荐他的弟弟送孩子来一土读书。于是他弟弟全家从深圳搬来北京。所以我其实知道单单是一土学生家长的哥哥。看了这本书之后，我有很多共鸣。人与人之间的关系真的非常奇妙，就像我跟单单在过去的人生里都没有任何面对面的交集，但我们在成长这件事上居然有非常多共同的观点。

关于成长，我觉得没有所谓的"主流"和"另类"之分。名校海归有自己的路，小镇青年也有自己的路。其实所谓名校海

归、小镇青年，都是我们把人生路简单化和概念化地区分了。真相是，每个人的路都是独一无二的。所以最重要的事是如何面对自己的处境和问题。但是看了很多人的成长道路之后，会发现很多共性的问题和挑战。单单希望通过分享自己的成长经历和思考，让年轻朋友可以站在他的肩膀上看他们自己的路，少走弯路。我相信这样一本书对年轻人是非常有价值的。

无论哪个时代，面对陌生的真实世界，大量年轻人都处于很迷茫的状态。我自己做成长主题社区"诺言"之后的感受也是这样的。人生的选择是个难题，因为选择其实有很多深层次的驱动因素，和我们的思维方式、认知模式、自我认知息息相关。很多所谓的职业规划，讲的是表面功夫，看似见效快，但因为没有触及成长的核心问题，从长远看，弊大于利。因此，有一本价值观正确的职业成长指导书是非常必要和难得的。

这本书的核心思想是越过临界点，人生将迎来指数级增长。临界点的概念很重要。我曾经也分享过一个观点：人的选择没有中间状态。成长不是线性的，而是两极，可以是一条陡峭的幂次增长曲线，也可能是一条小坡度的斜线，就像单单在书中数次提及的数学问题：1.01 与 0.99 差之毫厘，但 1.01 的 365 次方与 0.99 的 365 次方有 1 481 倍的差距。很多人觉得将一件工作做到 80% 和 100% 没什么区别，但做到 100% 的人在第二天很可能会得到上级更多的认可从而得到新的机会，而做到 80% 的人可能就没有这个机会了。关于这一点，书中有更具实操性的方法论阐述。

临界点看似寻常，但很多人没有意识到这一点。很多人很难对当下所处的大情境有一个清晰的认知，都是回头再看才会发现当时的问题，对成长的觉察也一样，往往是滞后的。乔布斯那个讲述"串起生命里的点"的著名演讲，就说明在"回看"的时候，可以把生命中看似无关的事从点连成线。当他充满激情地在大学课堂学衬线和无衬线字体时，他不会想到这对日后苹果电脑的字体设计有任何益处。所以能从"过来人"那里得到一些经验，对年轻人来说很有价值。

开阔地看未来很难，阅读前人的成长路径能够提升我们感知事物的能力。这也是这本书非常有价值的地方。单单讲述了自己从安徽农村走出来，成为中国第一代知名互联网分析师，再到创办一家专业的互联网招聘平台的鲜活成长历程。这些故事能让我们看到幂次增长是怎么回事，临界点的转换如何发生。意识到这一点，这本书将赋能你的成长。

这些故事还能够打破社会加于我们的思维枷锁。单单在书里分享了他表弟的故事。他的表弟从小学习不好，喜欢打游戏，直到16岁要跟同乡进城打工。"长兄如父"的单单认为做流水线工人没有出路，不如去大城市谋一份真正有前途的工作。但表弟学历不高，于是单单建议他找学历门槛不高的销售工作，并且是to B（对企业）销售，因为与to C（对消费者）销售相比，to B

销售的成长性更好、投产比更高。表弟听了他的话，从卖家具做起，在三年后如愿找到了 to B 销售岗位，而现在他表弟已经是一个有几百人的公司的 CEO 了。单单及时帮表弟纠偏，给予必要的方法论指引，让他的表弟走出了一条更宽的路。

你可能想，单单的表弟非常幸运，有一个很好的哥哥，我可没有这样的哥哥。但是单单在书中讲述的方法论是通用的。在学习和实践这些方法论的过程中，机遇会自然涌现。最重要的是，不要对路径有教条化或限制性的相信。路一开始不存在，只有当你走过，回头看时，才有路。人的成长是一段综合、立体的经历。按世俗标准，单单的表弟一度是失败的，但我相信他在打游戏的过程中，感知能力得到了锻炼，比如情商高、能听出别人的言外之意，这些都为他后来做销售做了准备。所以你要做的不是复制许单单表弟的成功之路，而是学会走路的方法。

最终，每个人面前只有一条路：认识我是谁、我想做什么、我能做什么。或早或晚，我们都会走上这条路。职场路是一条显性的路，但底层是我们的人生之路。虽然"临界点"说的是事业和职业生涯中的场景，但它其实是我们面对选择的底层思维模式。这些思维模式，会让我们的人生路走得更清明，愿这本书成为引领读者走上自己道路的那把关键钥匙。

前言

做一个优秀的人，没那么难

2021年1月中旬，我回到北大，与学弟学妹们举办了一场以职业成长为主题的校内分享沙龙。

从同学们的现场提问来看，年轻人对职业成长的关注点和顾虑依然集中在就业方向、offer（录用信）选择、起薪水平、工作与专业不对口这些永恒的话题上。在北大毕业生论坛，就业板块最火的帖子依然是大家关于薪资对比的讨论：A公司月薪1万元，B公司月薪8 000元，怎么选？

据我观察，大部分年轻人在选择offer时只会看起薪是多少，很多时候他们会忽略"涨幅"。比如，一个起薪1万元的工作未来每年的薪资涨幅空间只有10%，而另一个月薪8 000元的工作未来每年的薪资涨幅空间可能高达30%，应该选哪个？如此简单的算术题，很少有人真正算过，或者说，很少有人真正看清"题面"。

他们可以更厉害

这场北大校园沙龙之旅，不禁让我想起我在去年年底面试的一个年轻人。

这个年轻人刚工作两年，来拉勾应聘也经过了好几轮面试才到我这里。我跟他聊完，觉得他很不错，很聪明，也有想法，之前面试他的几位同事也都挺认可他，于是我准备录用他了。但是到了薪酬谈判这一关，这名年轻人开出了涨薪40%的条件。鉴于他就职的上一家公司并不知名，通常情况下，新的用人单位不会轻易接受如此高的涨薪幅度。

我向他询问缘由才得知，原来他不久前在安徽老家买了一套房子，但是他的家境很一般，只有涨幅40%的薪资待遇才负担得起房贷和最基本的生活支出。我不禁为他感到可惜：刚工作两年就背上了沉重的房贷，几乎被房子"绑架"了。而最可怕的地方在于，他的成长也和资产一起被困住了。其实，除了拉勾，也有互联网大厂愿意给他offer，但考虑到他的工作年限和上一任公司的背景，大厂HR（人力资源）几乎不会给到他想要的薪资涨幅，他的选择空间被极大地压缩了，他没有办法选择那些起薪一般但成长空间巨大的职业。最后，他接受了一家愿意提供40%薪资涨幅的公司。长期来看，那家公司显然不是他的最优选项。这个年轻人本来有机会跳出小公司，进入一家互联网大厂，快速历练自己，迈上职业成长的第一个台阶，却因为一个草率的买房举动，丧失了选择高速成长的机会。很多中国人认为房子象征着财富、尊严、实力以及对未来的信心，这无可厚非，但是对于一个24岁出头、刚工作不久的年轻人来说，没有什么比拼命成长更重要，他当下每一分每一秒的成长投入都是在为未来储值。

我回想起在开头提到的那场校园沙龙上，现场很多提问活跃的同学都是已经毕业和工作两三年的校友。他们体验过走错路的代价，更清楚工作的残酷性和选择的重要性，也因此更急迫地寻找方法，有些同学甚至私下主动向我发信息提出要付费咨询。选择，在它真实发生的那个时间点可能并不起眼，但纵观无数个时间点构成的整个人生，正是一个个选择的质量决定了你是谁，也决定了你和同龄人之间的差距。

而选择的底层是认知，是对这个世界最基本常识与规律的洞悉。任何成功都离不开恰到好处并游刃有余地利用规律做出合理的选择。过去这些年里，我也见识了很多优秀的企业家、投资人、创业者、思想家，并有幸与其中数位有了近距离的接触、观察以及持续多年的密切交流和学习。我发现他们中的大多数一开始也都是普通人，只是因为很简单、本能地遵循了一些客观规律，很自然地得到了他们想要的结果。

在高等教育近乎普及的今天，大多数年轻人都上过大学，在思维能力和知识基础方面相差无几，也都有潜力做出一番事业。但现实是，很多人根本没有机会让他们的潜力发挥出来，他们的职业成长是可惜的，他们本可以更优秀。

变化的世界，不变的规律

回过头来看，我想我的职业成长故事可能会给人一种是在步步规划的感觉。一个安徽农村长大的孩子，通过努力获得北大硕士学位，在互联网浪潮还未成形时入职腾讯，随后转入投资行业做专注互联网的投资分析师，站上互联网浪潮爆发的风口，实现了收入的指数级增长，不需要为衣食住行担忧。但事实并没有这么简单。

我的学习成绩并不是特别突出，本科读的也不是顶尖的学校，我在大二就提早备战考研，可以说是靠使蛮力才考入北大，报考的也是冷门专业，毕业找工作时整整两个月连一份面试通知都收不到。

像我这样的普通人，只有做对每一场关键选择，才有机会实现更好的职业成长，而不会受到家庭出身和学业背景的牵制。幸运的是，正是在毕业那年，机缘巧合之下我得到机会组织了几次校友聚会，结识了一些比自己年长十多岁的师兄和前辈，他们多是商业界、企业界、投资界的优秀专家和学者，在刚工作的前两三年时间里，我密集地得到了来自这些前辈的慷慨教诲与指导。他们教会我的关于职业成长最重要的一条准则便是尊重规律，利用规律，超越规律。

个人的发展离不开社会，而人类社会经过千百万年的沉淀，自有一套个体成功的范式和规律，包括阶层流动的规则、商业社会的本质、人际交往的原则、企业用人的潜在共识，更包括自然界万事万物运行的底层逻辑。正是这些潜藏在冰山之下的底层逻辑左右着我们苦苦期待的成功。倘若仍以学生时代的思维和认知体系为框架去做职业选择，制定行动策略，结果是可想而知的。

做一个优秀的人，没那么难

这本书围绕我的早期职业成长故事展开，但并非一个传统80后的励志故事。这并不是一本自传，不是在与读者分享我的个人生活，不是在给诸如"这个时代还适不适合大学生创业"之类的问题提供意见，也不是在向读者展示3W咖啡和拉勾的成长史。这本书讲述的是在一个头部效应愈演愈烈的时代，普通人如何抓住能力积累和财富创造的黄金期，从这个世界运行的基本规律和常识出发，做出尊重规律的选择、策略和行动，更聪明、更精巧地指导自己前进。

2013年，我与两位合伙人一起创办了拉勾，从帮助互联网行业的年轻人找工作切入，开始深度关注年轻人职业成长这一宏大命题。其间，陆续有当年的同学、朋友，我的弟弟妹妹，甚至陌生的关注者向我咨询职业问题，小到offer选择、从传统行业跳槽到互联网行业的职业路径，大到职业生涯的关键抉择、职业人生意义探寻。我感谢他们的信任，敞开心扉与他们分享了我对职业成长的理解与建议，这也为本书积累了大量外部视角的鲜活素材和真实案例，成为我创作本书的重要源泉。

在很长一段时间里，我都不确定一个80后的成长经验在今天是否过时。在过去几十年里，中国经历了翻天覆地的变化和人才市场、商业社会的井喷式发展，我们对短期成长和即时反馈的要求都大大提高了。直到近一年来，我在深入观察后发现，今天的95后、00后一代普遍更聪明，更有进取心，自我意识更强。但困扰数代年轻人的命题依然存在，甚至在新时代有了新的变体："职场PUA""打工人""社畜""内卷""996"……。拉勾年度大数据报告也揭示了年轻人的普遍焦虑：offer选择困难，工作两三年后对未来依旧迷茫，想转行却犹疑不决，恐惧过劳又无法逃离。

个体困境蔓延的当下，很多年轻人已经幡然醒悟，想要破局。而破局的第一步是看到局，但绝大多数人在初出茅庐的时候是无法看清事物全貌的，也就无法洞悉真正左右付出和回报的客观规律。更糟糕的是，他们的选择和判断标准大多来自朋友圈或网络信息，而网络流行言论有其主观片面性和夸大成分，真正优秀的人往往是沉默的。这就导致不少年轻人被偏激的网络舆论误导，转而沉迷于各式职场"摸鱼"技巧，将"躺平"视为反抗。这令人十分痛心。

我相信，此时此刻抓起这本书的你，一定有着很多现实的职业成长诉求，同时也多多少少心怀理想主义。当各种多元的价值观在头脑中冲突的时候，不妨在变化的世界中寻找那些不变的规律和原则，看清那些亘古不变的社会财富流向、能力提升的底层逻辑、个体价值实现的本来路径。这是个体在内卷时代破局的可行路径，也是让人生实现指数级增长的不二法门。

如果我在从职场人转为创业者这个身份之前写这本书，恐怕内容会有很大的不同。首先，我需要时间吸取数位充满智慧的前辈带给我的教益。其次，我身为公司老板和拉勾 CEO 的新体验迫使我去深度思考"什么是优秀人才"以及"年轻人如何在这个时代更好地成长"。

2021 年是我创办 3W 咖啡的第 10 个年头，拉勾也 8 岁了，每年有数千万年轻人用拉勾找工作、换工作，近百万各行各业的雇主品牌用拉勾招聘最优秀的互联网人才。换到企业管理者和头号面试官的视角，我越来越深刻地意识到，尊重规律对年轻人的成长有多重要。我没有机会为每个人一一提供职业成长建议，但我认为书中关于规律的解读和具体的方法建议能对你改善职业状态和社会状况有所帮助，这是我作为 3W 咖啡和拉勾创始人兼 CEO 的小小心愿。

写这本书最强烈的一个理由，是我想写给 3W 咖啡和拉勾的同学们看，写给我们的客户和合作伙伴看。拉勾的使命是陪伴年轻人的职业成长，我希望本书能够让更多困于现实的年轻人重新振奋起来，捡起武器，回到人生的战场上。正如白手起家收购美国 ABC 娱乐公司的丹·伯克向时任 ABC 体育部副总裁罗伯特·艾格抛出总裁橄榄枝时的劝说词："鲍勃（罗伯特·艾格昵称），我们想让你在这儿立足。我们希望，激战之后，你能带着你的盾牌离开战场，而不是躺在盾牌上被人抬出去。"

对于成长规律和人生智慧的不断求索并没有使我成为一个永远理性、毫无情绪的成长布道者，我也犯过（并且仍然在犯）很多错误。生而为人，错误、情绪、损失等都是不可避免的，但洞悉规律确使我的决策准确性不断提高，随着时间推移，这种积累会对我们的职业成长带来指数级的质变。2021 年初上映的迪士尼动画电影《心灵奇旅》中有句台词："火花并不是一个人生目标，而是当你想要生活的那一刻，火花就已经被点燃。"希望这本书可以帮助那些内心火花正在熊熊燃烧的朋友。

就在着手写这本书不久后，我在北大附近的 3W 咖啡馆与两位刚上大一的师弟师妹聊天，突然发现我比他们整整早了 20 届！洞察规律需要大量的阅读和思考沉淀，需要亲身经历，需要与高维度思想密集碰撞，回顾我自己的成长历程，我有幸在人生的不同阶段得到很多位师长前辈的指导，我相信年轻人不必非要撞得头破血流才能摸到成长的门路，不走弯路就是快，不重来就是快。站在前人的肩膀上，看眼前的路，总归能少走弯路。希望这本书能够成为你的一副肩膀，一双眼睛。

引言

顶尖的人和事背后的根本规律

两年前一个周末的清晨,我偶然刷到朋友发的一条微博动态:

> 周六的机场熙熙攘攘,每次来休息室,发现大多数人都在工作。一年365天里,香港的法定节假日加上周末就占去了145天,再加上十几天的年假,43%的时间在休假。很多人为什么赚钱少?因为假期太多,因为不努力!

这条微博从某种程度上反映了一个社会现象:即使是休息日,机场候机室的大多数人依然处于工作状态。这不禁让我想起一个曾经引起热议的话题:飞机头等舱里的人大都在看书,经济舱里的人大都在看电影。

有人分析,经济舱的乘坐体验比较差,所以让人没有很好的状态进行深度阅读。的确，我自己坐经济舱时的感受也是如此。飞机一发动，座舱里充斥着嗡嗡声，不自觉犯困，大部分时间也只能用睡觉或看电影来消磨。相比之下，坐头等舱时就可以半躺着，身体更舒服一些，这时座椅边再放上一杯茶或果汁，就不会感觉那么困倦了，也就有状态看看书。

同样飞行三小时，头等舱的乘客比经济舱的乘客吸收了更多知识和信息，休息得更好，精力更充沛。久而久之，两者之间的差距只会进一步加大——优秀的人更加优秀。

我认为，对于个人的职业发展而言，这一逻辑同样适用。

超越临界点

分享一个真实的故事。

A 同学和 B 同学就读于同校同专业，毕业后在同一家公司任职，工作能力基本相当。其实，他们刚毕业，谁的能力也比谁高不到哪里去。

有一次，A 同学的领导接到公司大老板亲自过问的一个大项目。领导很重视，A 自然也很紧张，连续一个月加班加点，还请教了好几个师兄。这个项目后来被大老板点赞了，A 的领导很高兴，也认可 A 的表现。A 也迎来了人生的第一次涨薪，很快就搬到了离公司更近的小区，通勤时间直接缩短一半，省下来的时间用来给自己充电。在这期间，B 同学正常努力工作，没有特别大的项目，相当于每天工作时长比 A 少一个小时。

又过了半年，A 手上的项目越来越多，于是申请招了一名实习生助理，一下子把自己从重复性琐事中解放了出来。一年后，A 晋升为小组长，开始定期参加公司为基层管理者提供的技能培训，日常通勤方式也从挤公交变成打车，每天又多了一些时间用来自我提升。而 B 呢，依然坐公交车上下班，公交车上常年拥挤，B 的大部分通勤时间也只能用来看看视频听听歌。

转眼七八年过去了，A 升任部门一把手，年薪近百万元，享受公司提供的高管教练辅导和期权，七八年累计收入近千万元。B 也升为主管，年薪 40 万元，没有期权，七八年累计收入 250 万元。两者之间有 4 倍之差。

10 年时间，A 和 B 的距离是怎么一步步拉大的？

1. A 无意间接到一个重要项目，被迫极度努力，获得领导认可和加薪，能够负担更贵的房租，可以每天多工作一小时。

2. A 参与更多复杂项目，每天面临的困难和挑战更多，但能力也因此得到更充分的锻炼。

3. A 招聘实习生助理，进一步提高了自己日常工作的能力训练浓度，还获得了更多高质量培训资源。

每天多付出 10%，七八年累积下来就是 400% 的超额回报。更可怕的是，现在A周末大都在商学院进修，接触的人、事、物又高了一个层级。而B的周末时间基本都在休息。本来A就比B每天多工作一个小时，现在每周又多出两天学习时间，这时虽然B也挺努力，但已经没可能追上A了。

可以预测，再过10年，A的身家大概率是B的20倍以上。而总体上，A在职业生涯的每个阶段都只比B多付出了10%，仅此而已。

为了更好地阐释人的投入与产出在突破临界点之后的幂次关系，我在2019年画下了图1这张草图：

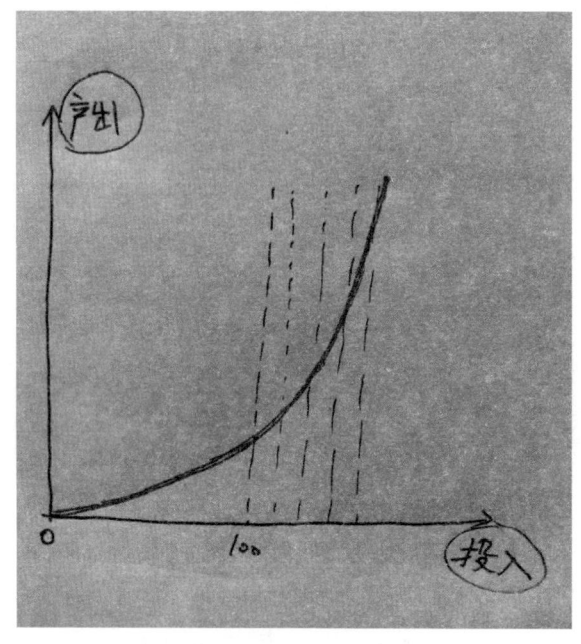

图1 人的投入与产出的关系

《圣经·马太福音》中有这样一句论断：凡有的，还要加给他，叫他有余；凡没有的，连他所有的，也要夺去。中国道家经典著作《道德经》也提出了相似的观点：人之道，损不足以奉有余。其实，世界的真相本是如此。

富裕人家的孩子从小便能获得更好的教育资源，而普通家庭的孩子就只能在普通的学校接受普通的教育。富裕人家的孩子因为接受到更好的教育，毕业后也能够获得更好的工作和认知资源，有更多的时间和资本汲取更高含金量的知识和信息；而普通家庭出身的上班族每天光通勤就要三个小时，工作之外基本没有进行学习提升的时间和资本。两者的差距会越来越大，而且基本没有缩小的可能，跑在前面的人还在加速。

换句话说，每个人大体上都属于自己生来所属的阶层，并且很难跳脱出来。对于绝大多数普通人而言，这个真相是残酷的。但破局的路径依然存在且十分清晰：理解这个规律，利用这个规律，从而超越这个规律，走出一条指数级向上的职业成长之路。

人的成长、事物的投入和产出都不是线性增长的，而是达到100分之前大致呈线性关系，100分之后则随着时间的演进转变为幂律关系。

一则简单的数学计算就可以说明：

$$1.01^{365} = 37.78$$
$$0.99^{365} = 0.0255$$

1.01 的 365 次方是 37.78，0.99 的 365 次方是 0.025 5——两者相差 1 482 倍，这是质的差别。假设 1 代表大多数人做一件事情的平均水平，1.01 就代表比平均水平高 1%。一开始的 1% 不起眼，但持续累积的 1% 带来了质变。

那么，知道了这个抽象的原理，怎么运用呢？

多一点点，就够了

正向循环包含两个条件。

第一，起点大于 1，也就是超过平均水平。假设大多数人做一件事情普遍能做到 100 分，你要做到 101 分。100 分以内是"一分耕耘，一分收获"，100 分以上是"一分耕耘，十分收获"。

第二，让 1.01 滚动起来，也就是持之以恒地超过平均水平一点点。再举个例子。雷晓宇是一位记者出身的自媒体作家，她的写作功底比绝大多数媒体人更深厚，是别人的 1.01 倍。她写每一篇深度文章，都要做深度采访，然后闭门写作两周，投入的时间和精力都是别人的 1.01 倍。她每篇文章的质量都比一般自媒体高很多，阅读量和影响力比其他人高出几倍甚至几十倍。因为文章质量高、影响力大，后来的被访者更愿意花时间接受她的采访，她也就能够获得更多更高质量的写作素材。

多个 1.01 的叠加，形成了强大的正向循环。

再比如，拉勾早年做互联网人才招聘，当时市面上其他招聘网站只有公司简介，但拉勾会清楚注明公司的融资轮次、投资人、CEO背景等信息，突破了其他招聘网站十几年来默认的展示形式以提升用户体验，超越了行业默认的100分水准，于是有更多用户使用拉勾，带来更多的公司在拉勾上发布职位，进入了正向循环。

100分是分水岭，也是大多数人普遍认为可以的水平。借用物理学中宇宙速度的概念：当运行速度低于第一宇宙速度时，航天器会因为地球引力掉回地面；当运行速度高于第一宇宙速度时，航天器就可以沿地球表面做圆周运动；当运行速度高于第二宇宙速度时，航天器就能脱离地球引力，飞往太阳系。

假设我们日常阅读的绝大多数媒体文章质量都在80~100分的区间，这些作者也花了力气，但因为没有超过100分的门槛，没有达到"第一宇宙速度"，最后这些努力没有带来起飞之势，而且分数越低，转发率越低。但是，当文章的质量超过100分，超越了用户预期的阈值，用户的转发动力就被群体激发了。

1.01，大力出奇迹，这就是万事万物运行发展的根本规律。对个人而言，要做到业绩比周围平均数高1%，比上级的预期高1%，久而久之就会不断脱颖而出，形成质变。做事时，要确保把手头的每件事情做到比行业平均水平高1%，比普遍预期高1%，久而久之也会发生质变。如果只是做到1，和外界预期一致，1

的无数次方还是1。

美团创始人王兴曾经说过："真的'极度渴望成功'的人其实并不多，符合后半句'愿付非凡代价'的就更少了。"极度渴望成功和愿付非凡代价都是1之外的0.01。自然界存在约束物体脱离地球的地心引力，我们的成长同样存在一种看不见的"引力"，阻碍我们超过100分。这个引力就是集体的共识和个体趋同的潜意识。

当你回到老家与初高中同学聚会，发现大部分同学跟自己水平差不多的时候，你是不是下意识感觉良好，就没有那么强烈的向上的欲望了？当你每天被一群超级优秀的同事围绕，他们把代码写得超级漂亮、方案做得无比精致、业务能力令人赞叹，你是不是就会感到有巨大的无形压力，不自觉向他们看齐，内心也蠢蠢欲动，想要追赶甚至超过他们？正是这种集体意识让一个群体共同优秀。只有跨越100分，超越集体共识，才能逃脱地心引力，走入更广阔的卓越之地。

英特尔的传奇CEO安迪·格鲁夫最知名的著作就叫作《只有偏执狂才能生存》；苹果公司创始人乔布斯追求极致，让苹果手机常年占据智能手机行业2/3的利润；优衣库创始人柳井正将店铺平均销售额做到行业平均水平的10倍；日本经营之圣稻盛和夫将"付出不亚于任何人的努力"作为口头禅；华为在研发投入上超越平均水平，做到极致；阿里在文化价值观上超过普通公司……

想要脱离群体引力，就把自己推上 1.01 的轨道吧，通往出类拔萃的道路其实很清晰。

指数级增长的 8 条路径

回顾我自己的职业生涯，或无心，或有意，我所经历的那些关键选择都在牵引着我不断攀上那条指数级递增的成长曲线。

"世事的发展都有雪球效应，没有人比其他人牛很多，人与人之间一开始都差不多，但是差别就出现在起步以及随后一小段的过程。这一小段如果走好了，有了第一份资本，后续就可以轻松获得更多的东西。" 2008 年 8 月，深圳湾的一个清晨，我在 QQ 空间写下了这段话。那一年，我 26 岁，正式参加工作刚满两年。那是我在痛苦了很久之后的感悟，而这一感悟的缘起，则要追溯到 2006 年那个燥热的毕业季。

在整整两个月没有收到一份笔试通知后，我终于鼓起勇气参加了唯一的一场笔试，用"霸王笔"（没有接到通知就直接要求参加笔试）的方式。那是 BBS（网络论坛）盛行的时代，笔试结束回到学校，我习惯性地打开 BBS 记录下笔试经过。那篇帖子莫名其妙地火了，我一夜之间被校友熟知。后来，我开始牵头组织 BBS 年终聚会，毕业之后南下深圳又顺理成章把同批去深圳的 150 名北大校友组织起来。这段经历让我意识到：一个人交际圈和知名度的提高是指数级扩大的过程，一旦积累到临界点，就会轻松迈大步。

如同火箭升空需要数级推进器在不同的时间节点交替燃动，指数级的成长之路同样需要不同的"燃料"，而这正是本书围绕1.01着力策划和打造的多元场景式职业成长方法论的价值和意义。我自己的1.01式成长经历，我对身边同事、朋友、弟弟妹妹们职业成长路径的参与和观察，我从充满人生智慧的师兄和前辈处得到的有益指导，我在人生不同阶段从名人自传中汲取的认知养分，我从主动前来咨询职业规划的陌生朋友处获得的新鲜视角，我从拉勾多年积累的多维大数据分析图谱中延伸出来的思考……经过多次反复深入剖析、梳理、系统提炼和小范围分享完善，最终形成了这套可代入、可执行的场景式指数级成长方法论体系。我希望书中那些在漫长职业生涯中对我意义重大的故事和实例，能够使这些方法在你眼中变得更加具体和实用。

本书围绕8条关于1.01的方法论展开，每章深入解读一个方法论，包括这一方法论背后的机制阐述和底层认知，也包括在具体工作和生活场景中使用它们的方法、技巧以及工具清单。

希望你看完这些方法论后，可以：

1. 立刻行动起来。将方法、技巧、工具应用到你的下一场求职面试、下一次向上汇报、下一个项目会议、下一场职业选择中去。

2. 顺应规律，聪明、柔韧地成长。认识到规律的存在，感受到规律的脉动，做顺应规律的事，规律就会给你相应的正反馈，你就能换道进入加速度越来越大的成长轨道，启动指数级成长，成就人生的无限可能。

3. 洞悉规则，玩好人生游戏。洞悉规律并据此制定策略和目标能够帮你争取到更大赢面，但人生是一场无限游戏，如果你的目标只是打败一个个短期的对手，那么胜利是非常艰难和短暂的。我们都是同样的人，都是由 DNA 中的千万种元素和变化决定的，但同时我们每个人都有独特的职场生存公式，只有向内探寻自己的特质和天分，结合规律，人生才能超越比赛，收获心灵自由。

最后我想提醒大家，这本书中没有成功的捷径，也没有制胜的诀窍。在这个优胜劣汰、丛林法则愈演愈烈的时代，似乎每个人都想寻找一套精确方法，一剂灵丹妙药，以便按这个方法走向胜利。但规律和方法不是捷径，就像任何人都可以在半小时内学会下国际象棋，却不一定能赢得比赛一样，只有当我们超越仅仅关心如何正确走棋的初级阶段，将规律、方法与自身的天分和特质结合在一起，解决一个又一个朴实的现实问题，一点点变得更优秀，才能最终在时代夹缝中走出独一无二的指数级成长之路。

第一章 **眼界** 避免
在低维度上努力

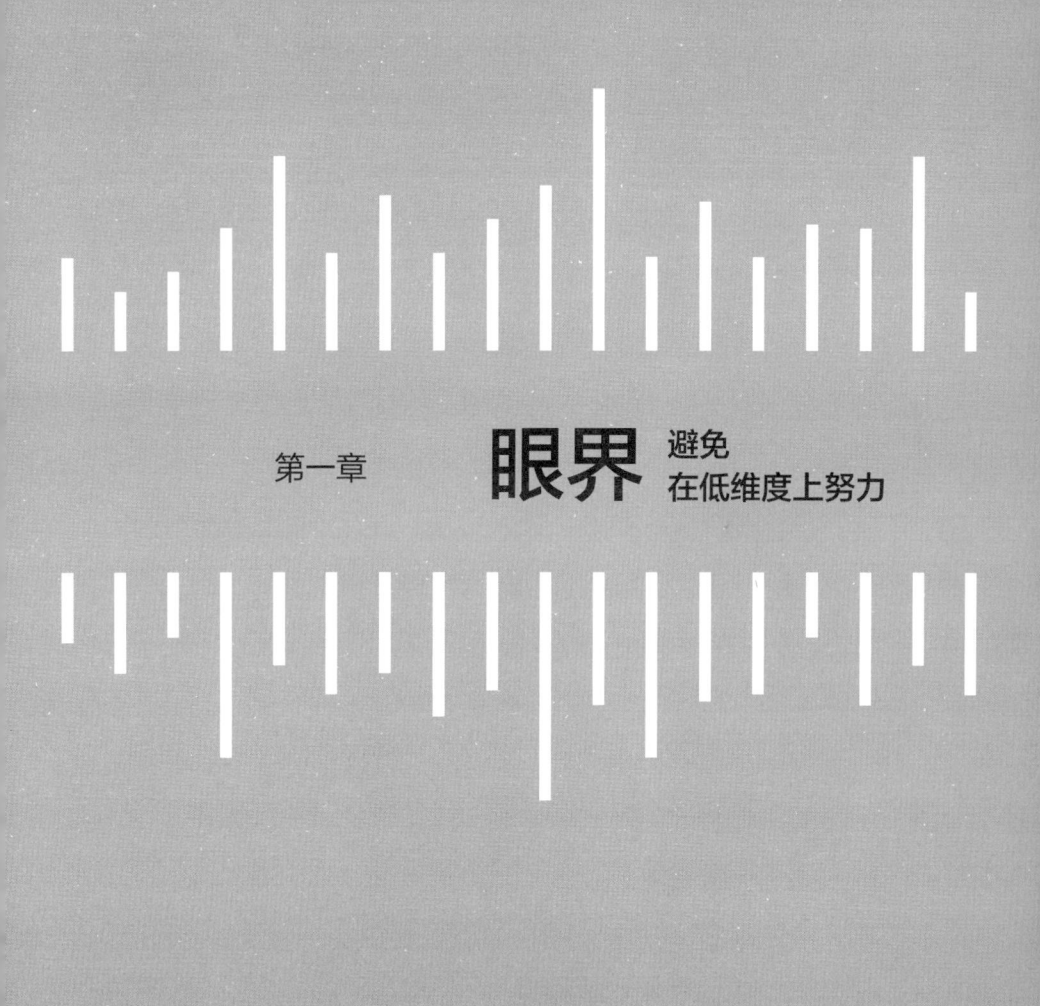

2007年，中国股市飞涨，那年我刚好从北大读研毕业。那时我们毕业生QQ群里每天热火朝天地讨论深圳宝安区的房价。今天1万一平方米，明天1.5万一平方米，某某买了60平方米，某某买了80平方米……我当时买不起房，就一直潜水观察。

一天，一位高我好几届的北大师兄邀请我参加一场聚会。我很钦佩那位师兄，于是想都没想就满口答应。等到了活动地点，我开始慌了。那是一所私人别墅，整栋别墅有近千平方米之大，里面全是西装革履的商界精英，还有几位衣着华丽的影视界名流。服务员给我倒酒，我都哆嗦。

更让我视野大开的是随后的社交环节。这位大佬聊的是股票投资理念，那位大佬聊的是当下国际形势，明年奥运会如何推动中国经济和国际影响力的提升。那时我对投资和宏观大势的认知基本等于零。聊了一会儿，师兄举杯招呼所有客人到大厅就餐。餐桌上的气氛轻松了不少，一位做投资的大哥首先打开了话匣子。

再次出乎我意料的是，这次他聊的不再是股票，而是对于"存在即合理"的最新思考。很快另一位客人接起话头，讲起了尼采对黑格尔的评价。头一回听到这些哲学家的名字和生平，我既惊慌又兴奋。接着又一位企业经理人顺势聊起了那年的新书《爱因斯坦：生活和宇宙》。最后，所有人从新上线的电影聊到各自对影视创作艺术的理解。

那是一场彻头彻尾的思想洗礼。从股市、投资、经济理论、国际形势，到物理学、电影、艺术……社会的万花筒在我眼前华丽地呈现。我，一个刚走出象牙塔的愣头青，突然发现，原来现实中存在两个世界，我和我的大部分同学看到的只是一个窄窄的平面世界。在真实的多维世界中，有太多比房子、工作、金钱更有趣的话题，人生也存在太多更高层次的追求、更丰富的体验和可能性。一个意外的饭局，就这样开启了一个穷小子做大梦的奇妙成长旅程。假如没有这场见闻，我应该会一直安于做一份看起来还不错的工作，攒钱买套七八十平方米的房子。

我一直坚定地认为，长见识是年轻人的头等大事，是最应该做的事。起码在我过去20年最重要的成长阶段，见识是最让我受益的东西。微博上年轻的人脉王、与顶尖互联网大佬谈笑风生、3W咖啡和拉勾的创始人……这些世俗意义上的名和利让我被大家熟知，而我的起点也不过是从安徽农村走出来的穷大学生，我曾经的梦想也不过是买一套七八十平方米的郊区房。

所以我说，没事"毁一毁"三观反而是件好事，这是让一个人长见识最简单粗暴的方式。开头那段"毁三观"的见闻，其实开启了我的成长观，光听人讲成长观道理或者看文章是无感的，你需要身临其境，让那些与你的固有认知不符的东西真正震撼到自己。日本寿司之神小野二郎有次对徒弟说："你们该知道什么是好吃的。你们不知道什么是好吃的东西，怎么给客人做出好吃的东西？"在这一点上，野心跟厨艺没什么两样，野心也是被撑大的。

但长见识又不仅仅是把野心撑大，它更重要的价值在于防止低维度努力。开头那个"毁三观"的故事里，赚大钱买大房子只是表象，更深层的含义是，如果我只在大部分同龄人的维度努力，我就丧失了在更高维度努力的机会。既然都要努力，为什么不让自己的努力更值得？这是我后来跟那位师兄多次深度交流后逐渐建立起来的认知框架。成就和财富其实是认知的变现，你几乎不可能得到超出自己认知范围之外的好处，而认知升级的源头就是长见识。没有见识的提升，认知升级就是无源之水、无本之木。

见识其实还有一个隐形的功效，它在让我们知道什么重要的同时，也让我们知道什么不重要。那个饭局让我知道，如果我只是将买套房子当作目标，如果我一直局限在自己的小世界，只看到头顶那片天，可能到今天我都无法真正摆脱自卑。

从"小我"到"大我"，见识是最重要的启蒙催化剂。

的确，每个时代的年轻人都有自己独特的成长路径，但是这个世界运转千百年来的规律和常识是不变的。就我的亲身经历和我对身边年轻朋友的观察来看，无论什么时候，主动去做同龄人没做过的事情，鼓起勇气向优秀的前辈、导师、同事甚至一面之师请教，孜孜不倦地读书、旅行的年轻人，都不会混得太差。他们没有安于现状，他们一直很努力地让自己长见识。我们都知道长见识很重要，但只有真正付诸行动，你才有机会让见识为自己所用，才不会输在起跑线上。

别掉进"过度聪明"的陷阱

研究生毕业后，我去了深圳工作。业余时间我牵头组织北大校友会深圳分会，认识了一群比我高 10 届、20 届的精英校友，其中几位后来成了我最亲密的人生导师和多年朋友，我得以长期近距离观察这些商界政界顶尖人物的言谈举止。

跟他们走得越近，我越发现关于社会运行的基本规律和常识永远掌握在那些优秀的人手里。其中很多规律其实是"常识"，却又与普通人所理解的"常识"相悖。

其实成功就是一系列"反常识的常识"的结果。普通人如果不是有意跳出来，可能一辈子都没机会触及这些真相。无数社会实验印证了一点：财富分化总是一开始就很剧烈，后面趋于平缓。大部分差距在一开始就拉开了。但无论什么时候，阶层的流动性依然存在，普通人是有机会实现阶层跃迁的，前提是你要做顺应规律的努力，而规律大概率不在你的同学朋友圈子里。

所以，我建议你尽早、主动去做一些同龄人还没开始做的事情，兼职、实习、结识高年级学长学姐、搞点小创业项目甚至找一个比自己大 10 岁的男 / 女朋友……总之，强行且刻意地把自己扔到同龄人以外的圈子。你用什么方式、去做什么一点都不重要，你只要开始去做，并且越早越好，因为你不做，总有人去做，而那些很早就去做的人，都成了大家眼里很厉害、见过很多世面的人。

认知升级不只是眼界的提升，还有很多东西是你亲身经历过才会有的感受，比如对商业规律的感知、对自我的重新发现。我从大一开始做家教，当时只是为了赚生活费。后面有些好心的学生家长会留我吃饭，我就这样听到了不少北京本地"富一代"白手起家的故事，这些故事成了我奋斗信念的初始源泉。

也是那段时间，我铁了心要考北大或者中科院的研究生，我看到了一流大学与普通大学的差距，这成了我主动破圈的起步。我加了很多北大研究生 QQ 群，跑到中科院的食堂与陌生的研一学长学姐交流，请教考研应该怎么准备。到了大三的时候，我对考研已经门儿清了。一次机缘巧合之下，我发现一本书店买不到的考研教材，就抢着比书店还早批发出来卖。我规定每本书只赚5元钱，因为我记得看过一本书里说的：批发比零售好。我当时不理解，但乖乖按这个规律做了。不到一星期我赚了5 000多元钱。

"卖书一战"让我发现了利用商业规则做事的好处，更神奇的是，我一直觉得自己是个无比害羞的人，平时走路不敢抬头跟同学打招呼，没想到，脑袋一发热卖书之后，走在校园里开始有同学跟我点头致意，这种感觉是无法描述的。

但认知提升的过程一定是夹杂着痛苦和抗拒的。日本知名服装设计师山本耀司说，一个人的自我是在关系碰撞中形成的。厉害人物，是在和厉害的人、事、物的深度碰撞中淬炼而成的。

我知道，今天95后、00后的年轻朋友都是互联网原住民，辨别信息善恶真假的能力都很强，但正因此才容易掉进"过度聪明"的陷阱，将与自己三观不符的观点一律屏蔽掉。心理学上有一个理论，你看到的只是你想看到的。当我们内心想象一个事物的时候，我们会戴着有色眼镜或带着心理暗示去证明自己的正确性。在盲目的偏见下，我们很难看清真相。

我刚毕业去腾讯工作的时候，业余时间一直忙于张罗北大校友会深圳分会，结识了不少在各行各业做到顶尖的深圳北大校友。一次聚会，有位高我好多届的腾讯投资人师兄问我："你在腾讯上班？"

我说："是，但我下周一就要离职了，我要去××咨询公司，年薪 20 万元，是我在腾讯的两倍。"讲完我有点小骄傲，那时北大研究生去名企，年薪也就十六七万元。

结果师兄说："互联网行业不是挺好的吗，你难道为了 20 万元跳槽？"

好，这下我的三观又被"毁"了。我那时房租每月 1 300 元，年薪 20 万元我就能租 2 000 元的房子了。而且我又计划又面试又等 offer，等了三个月终于等到了，难道因为陌生人的一句话就放弃？不行。回去的路上，我转念又想：也不对，这位师兄这么成功，一定见多识广，他做判断的正确率应该比我高。再说他和我没有任何利益关系，他不至于无缘无故地误导我。

那我应该怎么选择呢？回去我就把辞职信撕了，然后疯狂工作，跨部门找同事聊公司产品、战略规划。事后看来，这是一个无比正确的决定。一年多后，我降薪跳槽到证券公司，又过了几年，我就跳到中国最大的基金公司做投资分析师，工资翻了好几倍。

而所有的收获，都开始于那个理性大于感性的晚上。我没有因为一时无法理解就不把师兄的那句话放在心上，或者冒出"你凭什么指导我"这样的想法，我学着用师兄的长期眼光做选择，心大一点，不急于一时回报。所以，当"有幸"体验到"三观尽毁"的时候，你别急着否定一切，先判断信息源是否公正客观。如果是，那就把注意力放在事情本身，不要让情绪阻碍了能给自己带来实实在在好处的认知升级，那样就太亏了。

这些年我还一直有一个奇怪的习惯，当我发现自己身边经常交流的人都很尊敬我的时候，我就打心底觉得恐慌了。这是什么意思呢？按照商业哲学家吉姆·罗恩的"五人平均值理论"，与你相处时间最长的五个人代表着你的水平，那么当你身边的五个人都比你差的时候，你自己一定也好不到哪里去。也就是说，长见识是一件需要长期坚持去做的事情。去湖畔大学（现浙江湖畔创业研学中心）上课之前，我觉得我们公司也挺好的，一年营收好几亿元呢，但在湖畔大学跟一年营收几百亿元的企业家一起上课时，我一下子就觉得我们公司好糟糕，我要努力。

你也可以闭上眼睛想一想，现在你脑海里瞬间蹦出的五个人是什么样的？如果你觉得相比之下自己还不错，或许你也到了该"破圈"的时候。

> **行动指南：**
> 做同龄人还没开始做的事情，并且坚持做下去，这很重要。

你有"请教名单"吗

就像前面说的,这个世界上关于社会规律、个体成功和财富增长的真相永远掌握在优秀的少数人手里,他们是我们认知升级非常重要的外部参照系。

偶然邂逅大佬可遇而不可求,但目标明确地向上请教却是任何人都可以去做的。比如你所在行业的高手、你想去的那个行业里面的专家,你一定很清楚要去哪里找到他们,只是你想不想、要不要开口的问题。

你不用不好意思或者怕麻烦别人,想成长并没有错,期待优秀的人指点一下自己也没有错,你只需要多一点点勇气,主动敲开那扇门。只要有合适的时机,成功的人都很愿意帮助那些志向远大、真诚善良的年轻人。我认为大部分优秀的人都有一颗利他的心。退一步讲,就算你被忽视了又怎么样,你又不损失什么,对吧?

黑石集团共同创始人苏世民在自传《苏世民:我的经验与教训》里写过自己当年找工作的故事。大学毕业前,他给一位高自己好多届、素未谋面的校友写信请教职业规划的问题。那时他只是个梦想不被理解、四处碰壁的毕业生,这位校友却是个厉害人物,当过美国纽约州州长,但他还是写了这封信,然后寄给人家。这封信促成了青年苏世民人生中一次重要的午餐问道。实际上无论他在那顿午餐里收获了什么,他都已经主动敲开了一扇长见识的大门。

而当你鼓足勇气敲开那扇门，对方是否会对你倾囊相授，最重要的决定因素只有两个字——真诚。真诚地赞美人家，真诚地表达你的欣赏，真诚地请教你的困惑。在比你优秀的人面前，真诚是最高级的聪明，因为你真诚与否，人家一眼就看得出来。

前面讲到我打算从互联网转行做金融，但金融入行门槛很高，我就在网上到处搜金融圈的各种论坛帖子。有一天，我偶然看到一篇互联网分析报告，是一家证券公司的互联网分析师写的，最后一页还留了他的邮箱。他就是我未来想成为的人，我激动不已，立马发邮件。对方不但回复了，还列了几个行业问题，问我怎么看。我花了几个晚上查资料，把我的理解尽可能专业地梳理成清晰的文本回复。

后面我们保持了很长时间的邮件往来，探讨互联网行业，对于他的每一个问题我都认真查资料，梳理思路，然后写邮件回复。后来有一天，他升职了，问我对他之前的岗位感不感兴趣。我一个金融菜鸟就这样得到了一家证券公司的内推机会。这个故事的后半段是因为运气，前半段是因为真诚。

> 行动指南：
>
> 面对优秀的前辈，鼓足勇气提出你的困惑。

约前辈吃饭

因为在校友会上第一次见面的师兄的一句"你难道为了20万元跳槽？"，我在腾讯又乖乖待了一年多，但故事没有到这里就结束。那次多人聚餐后，我纠结了三周，终于鼓起勇气，主动给师兄发短信约他吃饭。

后面三年多时间里，我几乎每周末都和他吃饭。有段时间我俩住在同一个小区，他住别墅区，我住普通住宅区。一天晚上11点，他问我："在家吗？我在你家楼下，我们去吃碗面。"我就下楼了。当时餐馆快打烊了，我们就说："老板，做碗面吧，好饿。"老板说："行，但就做一碗。"于是我的师兄，一个亿万富豪，在大半夜跟我分一碗面吃。

他是个足够富有和有智慧的人，我刚毕业的时候就是一张白纸，我觉得我的价值观、世界观的根基都是在跟他充满烟火气的聊天中被塑造的。比如别太在乎工资，我为转行做金融，不惜选择降薪，坐了三年冷板凳后才成功进入中国最大的基金公司；比如把一件事情搞透远比搞很多事情重要，我入行金融分析就选择深度研究一两家公司，而不是快速研究很多家公司；比如要阶段性地看书。

在你很年轻的时候，有机会建立这样一段高质量关系，就相当于打开了一条认知向上的长期通道。所以，我建议你也抱着交朋友的轻松心态，结识一位比你大10岁或者高6届以上的师兄、师姐或行业前辈，一个季度约他（她）吃一次饭。他们是你大概率够得着的，他们的经验也是你大概率受用的。学校本来就是一个人很重要的资源池。

拼多多创始人黄峥曾经在采访里说，段永平对他影响很大。段永平是中国投资界的传奇人物，靠步步高、小霸王出名得很早，黄峥和丁磊就是浙江大学校友。很多人不知道黄峥早在2003年就通过网易创始人丁磊的介绍认识了段永平，在黄峥的人生重要选择中，段永平都或多或少给予了指导或帮助。

正因为抱着交朋友的心态，所以你不用给自己太大压力，你是很主动、很想要向上生长的年轻人，这本身就已经足够有魅力了。

> 行动指南：
> 至少结识一位比你大10岁或高6届以上的学长或学姐，每个季度与他（她）吃一次饭。

大佬自传，开卷有益

在我研究生毕业前长达半年的时间里，我一直处于极度痛苦的状态，因为毕业后要工作了。我的另一段人生就要开始了，我却不知道应该怎么走，怎样才能不走弯路，怎样过一辈子才是不虚度的，才是幸福的。我的 QQ 空间全是俞敏洪的演讲、《罗素论幸福人生》，我甚至用学校图书馆检索系统查哪些书讲人这辈子怎么才能幸福。

一天，一个不走寻常路的花花公子、恶棍突然"出现"在我面前，他活得坦荡、洒脱、自由。他让我发现，其实人生不用那么循规蹈矩。那是一本名叫《我作为社会弃儿的一生》的人物自传。我觉得那本书在一定程度上让我打开了自己，我从中获得了巨大的能量。

还有惠普前总裁卡莉·菲奥莉娜的自传《勇敢抉择》，讲述一个没有背景的普通女孩，如何在一家知名的国际大企业里从小兵做到了总裁。我感觉自己的职业生涯仿佛也突然被注入了无限可能。

多读书，长见识，这在你看来很可能是一句正确的废话，但在合适的阶段读合适的书，真的是一个人长见识最划算的方式。我身边的大部分年轻人都非常自律、上进、抗压，心怀梦想，认真地为生活奔忙，但 20 多岁本身就是一个夹杂着疲惫、迷茫和想太多的年龄段，不可能每次都恰好有一位人生导师在你身边为你排忧解难，帮你看清什么是重要的，什么是不重要的。自传是最棒的工具箱，可随取随用。而且我敢说，绝大部分人这辈子也没好好读过几本自传，你去看了，你就赚了。

在20多岁最迷茫的那段时间，我前前后后看了十几本知名人物自传。美国国父本杰明·富兰克林告诉我，穷小子也能当国民偶像；股神沃伦·巴菲特说，别人贪婪的时候我恐惧，别人恐惧的时候我贪婪；印度圣雄甘地告诉我，假如很多人不理解你、攻击你，你不用急于去反驳，因为当别人的攻击是错的，会有人看不惯，替你去辩驳……从人生的维度知道什么是重要的，什么是不重要的，可能不会直接让我们获得物质上的好处，但我们能因此更理性地向内审视自我，更专注地做真正重要的事情。

读名人自传更大的魅力在于，它提供了一个神奇的上帝视角。这个世界那些真正起作用的规律往往是反常识的，而且很难得到即时反馈，而无形的东西最难坚持，除非你能一口气看清楚它在一个人成长过程中起作用的全貌。但在一本自传里，这或许只是从第50页到第300页的距离，你可以轻松说服自己。

刚工作的时候，我读巴菲特的传记《滚雪球》，记住了价值投资是找一个足够长的坡，坡上有足够厚的雪，将剩下的交给时间。我也看到了它的结果：巴菲特在50岁后积累了99%的财富。于是滚雪球也成了我自己的做事原则，只这一点，无论是跳槽还是买股票，都让我受益匪浅。

行动指南：

读10本自传，寻找大人物成功背后的"反常识"。

推荐人物自传阅读清单：

《勇敢抉择》

《富兰克林自传》

《林肯自传》

《甘地自传》

《滚雪球》

《将心注入》

《我作为社会弃儿的一生》

……

身体跟灵魂最好都在路上

1983年春天，一个29岁的美国年轻人到米兰参加国际家庭用品商业展览会。他从廉价旅馆走出门，拐到一处小小的浓缩咖啡吧门口，收银员热情地朝他点头微笑，咖啡师愉快地和他打招呼，他走过半个街区，又看见一家浓缩咖啡吧，初次见面的人们热情地互相打招呼，每天见面的朋友们互致问候，周围是动人的音乐节奏。

年轻人知道，这就是他发现灵感和见解之处。他就是霍华德·舒尔茨，将星巴克从只有5家店铺的小公司发展为全球知名品牌的传奇企业家。正是这次米兰之行，让舒尔茨看到了当时星巴克缺失的东西——一种纽带关系，把喜欢咖啡的人们聚集在一起。

舒尔茨在自传《将心注入》里写"所谓见解，就是见人所未见"。旅行不是旅游，旅行的关键不在于行走，而是带着你心中那个困惑已久的问题出发。就像你请教一位世外高人，你要带着问题，因为有思考才有碰撞，有碰撞才有反思，有反思才有认知升级。就像舒尔茨在飞到米兰之前已经决心要让星巴克成为所有美国人都能品味生活浪漫之处的"第三空间"，米兰街头的所见所闻只是让他进一步印证了梦想的模样。

你的问题不一定有明确的指向，但一定反映了你在某种层面的思考或追求。大约十年前，我在硅谷工作和生活了三个月，经常去脸书的食堂蹭饭，去腾讯的美国办公室玩耍。我觉得硅谷人好快乐，好简单，大家平时工作非常努力，但周末绝不加班，我好羡慕那个状态，想一直这样生活下去。

旅行中的见识，总是只有通过行动才能带来实际价值，而从思想到行动的过程，大部分是很苦的。比如当舒尔茨回到美国兴冲冲地跟星巴克的两位创始人建议搞一套全新的企业机制，两位创始人却一盆冷水浇过来，这才导致舒尔茨离开星巴克去创立自己的公司，后来他用这家公司买下了星巴克。

同样，当我从硅谷短暂回国，跟一位大佬前辈吃饭，前辈的一句"你去美国领工资，我看不起你"让我改变了主意，决定留在中国创业。那是我人生最艰难的选择之一，我放弃了简单、快乐的生活模式。但正因为我通过旅行看到了自己的理想之所，我知道我要放弃的是什么，我才更坚定自己要什么，于是3W咖啡诞生了。

> 行动指南：
> 带着那个让你睡不着觉的问题出发，你永远不知道前方会发生什么奇妙的化学反应。

10杯咖啡换来的见识宝藏

职场人的大部分时间是在办公室度过的。当你换个角度来看身边的同事、领导、商业合作伙伴甚至公司老板时，你会发现他们都是"宝藏男孩""宝藏女孩"，帮助你从更高、更宽的维度看待自己的专业工作和岗位角色。你很容易用一杯咖啡换他们一小时的聊天时间。我刚去腾讯的时候就做了一件事：翻公司通信录，约跨部门的校友同事喝咖啡。

约老板喝咖啡似乎更难一些。腾讯当年有高管午餐会惯例，每个员工都可以报名。我每次都积极报名蹭饭，顺便听高管们讲公司的事情。据我所知，很多公司也都有官方的高层交流活动，但大多数员工不会报名。我现在也做老板好几年了，我在拉勾内部鼓励大家有问题的时候找我聊，绝大部分人也没找过我。但老板其实很需要跟员工互换信息，老板也缺乏基层视角，只是大部分员工不敢这么想。当那极少数年轻同事非常真诚地约我喝一小时咖啡的时候，作为老板的我是不会拒绝的。

我还曾经建议身边的一些年轻朋友在入职新公司后的三个月，每周约一位跨部门同事或领导喝咖啡。请大家喝 10 杯咖啡，你就能混得很好，而且你的绝大部分同龄人一定不会这么做。

主动组织活动可以让长见识这件事情变得更有效率。大部分职场人都想认识圈内人，但大部分人都等着被邀请。这时你先跟圈子里几个高手混熟，然后以组织者的身份站出来，邀请更多人参加活动，大家就会觉得你是很优秀、很有资源的人，更愿意和你聊天，相当于你用同等时间收获了更多的见识。

> **行动指南：**
>
> 用好办公室的宝藏男孩女孩们，再试着每个季度主动参与一次行业交流活动，主动组织活动是最好的。

结语

我们一路成长，一路开眼界，一路长见识，一路升级认知。我们要鼓足勇气，真诚地向厉害的人请教；我们要在感觉困惑的时候拼命思考，从书里找答案，到更远的地方感受认知碰撞；我们要提醒自己用一杯咖啡换得跟办公室里的宝藏男孩女孩们聊天的机会，一步步摸清社会规律和常识。最基本的规律就是：长见识也好，认知升级也好，这些机会都不是从天上掉下来的，都是自己拼命挣来的。

普通家庭出身的年轻人在成长路上总是可能走得坎坷一些，但是我们不要输在起跑线上。我在20多岁的时候，其实也没有长见识的概念，但我那时极度渴望得到有关人生意义的答案，那是我心里的一团火。每个人心里都有一团火，让它指引你走向见识向上的阶梯，努力、坚韧、聪明地走下去。

第二章

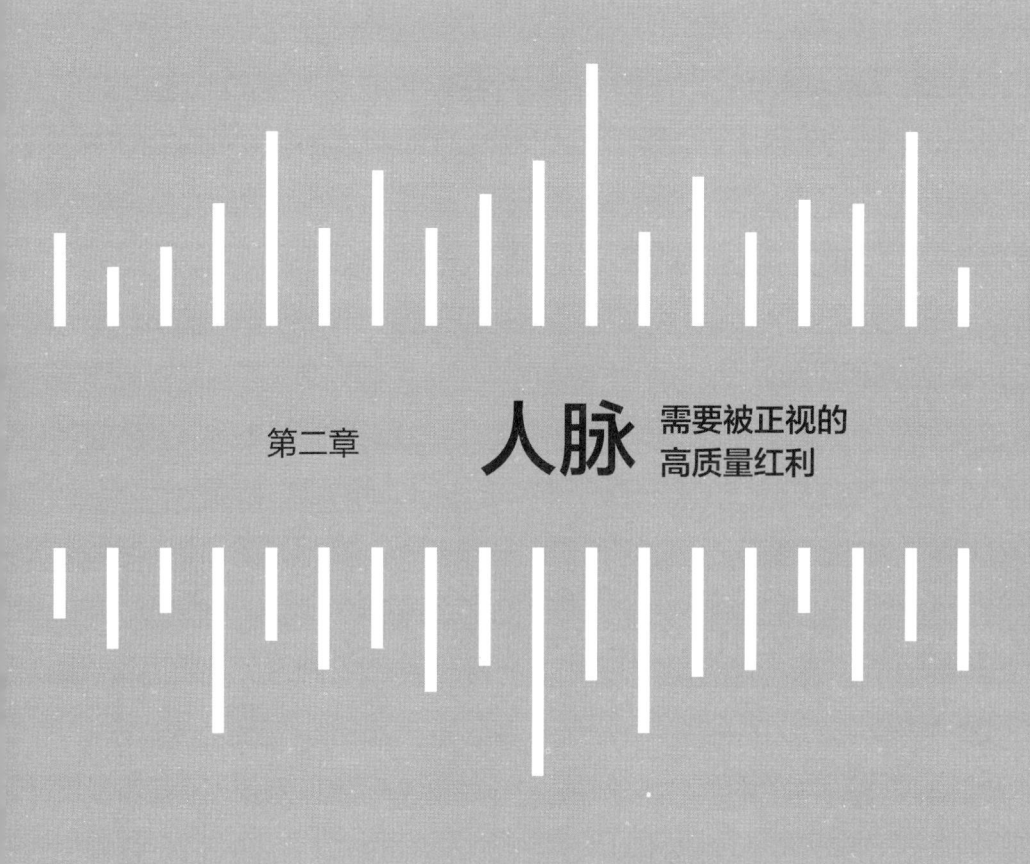

人脉 需要被正视的高质量红利

很多人认识我是从 3W 咖啡开始的。一个二十七八岁的年轻人,把近 200 位中国互联网和投资圈一线大佬聚在一起,开了一间咖啡馆,上了 8 次《新闻联播》,总理都来喝咖啡……想想也是蛮疯狂的。创立 3W 咖啡之后,我也一下子成了公众眼里善于整合人脉资源的人。其实除了大家熟知的 3W 咖啡和拉勾,我生命中重要的职业提升、认知升级、事业推进的背后,都有很多贵人、朋友的身影。

时光倒流,回到 2007 年 7 月那个燥热的毕业季,作为一个来自农村的大学生,从一个研究印度文学的冷门专业毕业,我连一份面试通知都收不到。后来,我同时被中国两大金融公司挖角,被互联网圈各路大佬熟知,开了一家专门指导年轻人做职业规划的公司……这对当时的我来说是不可思议的。与无数优秀的人的连接和友谊让我受益匪浅。

在今天这个社交平台、工具和线上线下活动泛滥的时代，连接人已经不是什么难事。但奇怪的是，我们依然对"人脉"二字感到困惑。在中国文化语境里，人脉一直跟钻营、投机、虚伪、厚黑有着扯不清的联系。从早些年的"人脉至上论"到近几年莫名其妙兴起的"人脉无用论"，社会看待人脉的心态也摇摆不定。

我一直坚信，人脉是需要被正视、被用心对待的。二十几岁的时候，没有比拼命成长更重要的事。如果你想成长得更快，你就需要积累真正的人脉。个人能力当然很重要，"谁"知道你有这些能力也是同等重要的，这几乎决定了你的哪些想法能够成为可能，你能否获得引荐，而找工作、谈项目、拉融资最大的挑战有时也正是人脉的挑战。更重要的是，我们只有借助与他人的连接才能向内看清自己，正所谓"以人为镜，可以明得失"。真正的人脉不是加分项，而是必做题。

请注意，我说的是"真正的人脉"。真正的人脉是一种高质量的人际关系，是相互认可，是我觉得你不错，你也觉得我不错。只有你觉得我不错，你才有可能继续为我牵线搭桥，为我背书，助我成功。

人脉也有真假之分，比如你在某场活动或饭局上认识了一位大咖，你要到了人家的微信，但你心里很清楚，你发消息请人家帮个忙，大概率是不会得到回复的。

真假人脉背后的底层规律则是一个简单的常识：人脉是结

果，而不是手段。人脉是人际关系的沉淀，需要长期地经营、维护，经营人脉就是持续建立和加强高质量人际关系的过程。你不能为了建立人脉而建立人脉。

但无论如何，人脉的本质依然是交换，是彼此给对方隐形称重。"社会交换论"的代表人物、美国社会学家霍曼斯认为，人与人之间的互动从根本上来说是一种交换过程。心理学也有个形象的跷跷板定律，人和人的关系就像两人踩跷跷板，和谐相处的前提就是要保持双方付出价值的平衡和对等，一旦彼此的交换不对等，就会像跷跷板一样失衡。所以，你压根不用纠结自己是不是得巴结一下对方，巴结是毫无作用的，它改变不了你在跷跷板上的重量。

不过，人脉的本质是交换并不影响我们去主动向上经营高质量的人际关系。我一直坚信，人和人之间的缘分是可以创造的，遇到贵人、导师、伯乐的最好做法是，提前做很多准备，确保很多事情发生。

或主动出击，或缘分使然，我很早就有了一个看起来还不错的豪华人脉圈，也收获了一笔丰厚的人脉红利。但这期间，我也走过不少弯路，白天觥筹交错、晚上怀疑人生、躲在出租车里痛哭的经历一点都不少。今天，我也算是大家眼里的一位小大佬，我也正在指导和帮助身边一些年轻朋友成长，这让我得以从多个视角更深刻地思考人际关系背后那些轻易摸不着却长久影响一段人际关系走向的规律和常识。当你穿越网络世界的喧嚣，利用规律指导自己经营起高质量的人际关系时，没人能阻拦你去获得该属于你的人脉红利。

忘记别人的头衔

经营人脉就是建立高质量的人际关系。这段关系的深浅、好坏、可持续与否，很大程度上取决于第一次连接的质量。我们并不缺少与人建立连接的机会。一场工作汇报，一次客户对接，一个行业饭局……我们都会与某位人物产生连接的可能性。

首先，不要故意对抗或者质疑那些远超过自己所在阶层或薪资等级的权力人物。存在即合理。然后，你要主动去连接对方。当你积极、主动、努力地做这件事时，成功的概率就会增大。很多看似偶然的想法、动作、地点和人之间的碰撞，会为你造就新的机遇。

但主动、努力只是动作，动作背后的心态是什么？将心比心，视人为人，这是建立所有人际关系的基本心态，与对方的头衔、级别、身份没有任何关系。从你对那个人的好奇、兴趣、关注、关心出发，不带任何偏见、预设、假想地去开启一场聊天、一段对话、一次连接。

我们都是普通人，这也就意味着我们或多或少都会以自我为中心，习惯优先考虑自己的需求。与远超自己阶层的人建立高质量关系的好处更是显而易见的。但正因如此，我们难以抛开那个人的头衔、身份、地位、资源，看不到背后那个活生生的"人"。

而想要与他人建立高质量的人际关系，你需要理解对方的情感，套用一句网络用语，"当所有人都关心你飞得高不高时，只有父母和朋友关心你飞得累不累"。如果你看到的只是一个"行走的资源列表"或"行走的绩效打分器"，你不会真正关心对方，你把聊天变成了一次交易行为。那些无疾而终的对话，大部分不是结束在尴尬，而是"有所求"。用真心来充实这场连接吧，而不是压力或不安。

2007年，我研究生毕业，凭借组织毕业活动的经验，到深圳工作后继续组织校友活动，还主动与高我很多届的校友圈子产生了连接。深圳那时正值经济腾飞，我有幸结识了很多非常优秀的企业家和投资大佬。在我的印象里，我的每一段与比自己优秀很多的人的美好连接，都是从非常个人化的话题开始的。

刚毕业时从北京飞深圳的飞机上，因为登机时请人帮忙提包裹，我认识了一位大哥。那是夜班飞机，人很少。聊天中，我推测他是一位成功人士，就向他咨询要不要读MBA（工商管理硕士）、商学院，他有一搭没一搭地回答我。

而当我问起"你觉得人生的意义是什么"的时候，他竟然来了兴趣，无比认真地回答了这个问题。我接着问了一堆类似

"你觉得你这辈子有什么遗憾""你觉得你幸福吗""如果再来一次，你会怎么办"的人生终极问题，他都一一认真作答。我们深入地聊了一整趟旅程，也因此，我才有机会从那位大哥那儿听到一句对我影响至深的建议：到了深圳，要把北大校友会继续维护起来。我上飞机前本打算放弃组织校友活动，一心投入工作。

那场高空夜聊也成了我思考"视人为人"的源头。在一个恰当的时机、恰当的场合，恰当地走心，没有人会拒绝。人与人之间真正深层次、深刻的关系都来自那些私人化的话题。

10多年前，我在证券公司做分析师。因为PPT（演示文稿）做得好，我突然被部门老大抓去给董事长做PPT，董事长写文字，我做美化，没想到直接做了个通宵。午夜时分，董事长问我："好饿，我要吃泡面，你吃不吃？"我有点惊讶，这么个大人物居然吃泡面。既然泡面都吃了，聊八卦当然是必不可少的了。我聊前女友，聊北大和芙蓉姐姐的趣事。他也聊他的真实想法，他对公司里其他人怎么看，他自己的担忧和焦虑。我才得知，他为了下午不犯困，中午从来不吃饭，早饭也只吃一块钱的豆浆和两个五角钱的包子。我一下子对他肃然起敬。他的家世背景很好，在我看来，他完全没必要如此努力和勤奋。那一瞬间，我没有把他看作董事长，而是看作一个很勤奋又努力工作的人。我甚至有点同情他连饭都吃不好，决定以后买早餐的时候给他带一份。

当你有机会与别人产生连接的时候，试着抛开你的诉求、假想和预设，把重心放在对面那个活生生的"人"身上。每个人都那么与众不同，用你对他的好奇和关心让一段美好的连接发生。

> 行动指南：
>
> 每一段高质量人际关系的开始，都离不开视人为人。

别藏着你的欣赏

那些我们愿意主动与之建立连接的人，一定是我们非常欣赏、很想结识的人，他们身上的某个闪光点吸引了我们，可能是专业水平、业务能力、信息通达度甚至是人格魅力。但很多时候，我们碍于各种理由，不会主动说出"你是我崇拜的人""我很欣赏你"这种很直白的赞美之语。

真诚的赞美是高质量人际关系的催化剂，是迅速拉近人与人关系的有效方式。回想自己过去 10 多年里很多次主动结识陌生人的场景，我发现我一直都在很坦诚地表达我的崇拜、我的赞美，我从来没有藏着掖着，或者心里很想认识别人，表面却拼命装高冷。

我知道，今天很多 90 后、95 后年轻朋友的见识和视野都比 20 多岁时的我宽广得多，他们也有很强的独立思考能力，不容易被别人"打动"。欣赏和赞美不是一个经常出现在年轻人朋友圈的动作。但是，如果你真的关心，希望用心经营一段真正高质量的人际关系，不要吝啬在任何时候表达你真诚的赞美，即使对方比你优秀很多、厉害很多，即使他们身边一定不缺赞美他们的人。

描述硅谷创业教父比尔·坎贝尔管理哲学的《成就》一书里记录了谷歌前董事会主席埃里克·施密特的故事。当这位成功的管理者从这家全身心投入 17 年的公司退下来的时候，他发现自己就像任何面对挑战或变化的人一样，需要情感支持：一句鼓励的话、一个大大的拥抱，告诉他一切都会顺利。《成就》是这样总结的："他们也是人，也需要别人的肯定，需要知道自己被别人欣赏。"

被肯定、被欣赏，这是人作为社会动物的统一诉求，不因身份、地位、头衔而改变。当然，毫无保留地赞美的前提，是毫无保留的真诚、真实和可信，而你只能在自己真正喜欢和欣赏的人面前流露真诚。在那些我很欣赏的人面前，我会尽情地表达我的崇拜、我的欣赏。只要不过于打扰，我都希望去找他们聊天。欣赏他人就说出来。

> 行动指南：
>
> 面对欣赏的人，真诚地表达喜爱和赞美。

听得进话也是一种本事

美国硅谷著名的创业者和风险投资家彼得·蒂尔在著作《从0到1》里曾提到过幂次法则，即一小部分公司最终会完胜绝大部分公司。人际关系也是如此，一小撮人对你的重要性远大于其他人。其中，职场前辈、人生导师更占据了很大一部分。

在人际交换中存在一种很容易被忽视的关系：发生在前辈和后辈之间的赏识和敬重。一个愿意接受指导的后辈，一个愿意分享的前辈，组成了一段美好的人际关系。

愿意分享的前辈并不鲜见。社交专家凯莉·霍伊在《打造超级人脉》里记录了硅谷风险投资公司LDV创始人埃文·尼尔森的故事。埃文将硅谷社交精神总结为"每个人都可以从他人的帮助中受益"。多年前，当深谙纽约那套"有需要才求助"社交风格的埃文因缘际遇来到硅谷，他发现自己还没开口就有前辈向他伸出援助之手，这让他非常震惊。

愿意分享的前辈不仅仅在硅谷。前面我讲了自己和投资人师兄第一次见面的故事：因为师兄在聚会饭桌上的一句话，我当天就决定放弃年薪翻倍的到手 offer，继续留在腾讯加班苦干。然后，我给师兄发了一条短信："师兄你好，我不跳槽了，我留在腾讯了。"

在我的很多同龄人看来，我的选择是不可理喻的。其实大部分人在年轻的时候做选择或者搞规划，多多少少会收到一些别人给的善意建议，但大部分时候我们可能不会往心里去，更不会给予任何反馈。

后来我慢慢发现，人在年轻的时候做选择，大部分纠结点都来自短期价值和长期价值的取舍。世界上没有当下和长远同时受益的事。最理性的决定一定是选长期价值，但我们往往无法看清全局，或者即使有前辈在耳旁善意提醒，我们也很少照做。你不重视前辈的建议，或者你没有强大的心力去做出短期失利、长期获利的选择和取舍，前辈凭什么愿意持续指导你呢？反过来说，选择长期利益，让前辈看到你的长远眼光，在你的身上看到成长性，他就会更愿意给予你更多建议。

建议的过程偶尔包含批评。接受批评并不是容易的事情，我们需要对抗自己内心的自我。但当你跨过心里的那道坎，你不仅能收获前辈的欣赏，还有真正的成长。

我最近几年一直在深度指导一位年轻朋友，他是 3W 咖啡创立早期加入的一位员工。几年前 3W 咖啡进行业务转型，尝试了一些新业务，当时有同事觉得工资很低，不想继续尝试，但他愿意继续做下去，我当时就觉得这个年轻人胸怀远大，一直关注他的发展。后来我建议他做财务顾问，他二话不说把深圳的房子卖了，全家搬到北京我住的小区里租房住。再后来，我让他每天晚上发一篇当天的工作内容和心得笔记给我，以小时计，我根据笔记给他反馈。后来他真的每天晚上给我发笔记，大年三十也不间断。

以前辈的视角，首先我觉得这个年轻人是有毅力的，其次他对我的建议有着极强的适应性，面对批评也不恼不怒、立马改进。比如我对他说"你不要觉得自己很牛，你其实没有那么强的定力"，后来他就真的改正过来了，短短两年不知道成长了多少。而一切的起点，是他本人的毅力，是他对我第一次给予指导的开放态度和行动力。只这一次简单的指导，他获得了前辈的认可，继而将这段本来平常的人际关系推向了更高的层次，收获了更多的指导和成长。

所以，伯乐、前辈、导师都是自己争取来的，这是每个人都可以遇见并且应该抓住的机会，不要浪费了它。

> **行动指南：**
>
> 随时准备好接受指导，随时都做那个愿意接受指导的人。

找到你的差异化优势

人一辈子都是社会动物。也因此，经营人际关系是一辈子的事。如果你希望一直拥有高质量的人际关系，你就需要不断给自己的人脉账户"充值"——提升你的交换价值。相互分享是高质量人际关系稳定存续的前提。这是千百年来的古老智慧。你只有分享自己的价值，人脉才能成为你能力的一部分，不断助你成功。

找到你的价值并没有那么难。每个人进入社会后，都会被赋予一个专业身份，都会有专门的研究领域。我们会在这个领域持续深耕。专业身份是我们最好的差异化优势，不受出身、地域或用人单位平台限制。在你向对面那位优秀的人真诚地表达喜欢和欣赏的同时，别忘了展现你的专业性。去聊一些对方大概率感兴趣，同时你也很擅长的话题吧，你也不差的。

在我做互联网分析师的那段时间，因为工作需求，我必须频繁约各大公司、各个部门的产品人、管理者面谈。他们都是非常优秀、非常资深的行业专家。在他们面前，我就是门外汉，我又没做过企业，又没做过产品，怎么聊呢？很简单，我会分享我作为一个职业分析师对他所在行业的理解和洞察，我会分享自己对他的同行的战略思路和经营情况的研究，然后我会问："这些对你有没有什么启发？"

巧妙地找准你的差异化优势，还能帮你向上结识比你厉害得多的人。

十多年前，在一些深圳金融圈流水席上，我作为一个年轻的小兄弟被师兄带着，坐在各路大佬中间，大部分时间很安静，只有当大佬们聊到互联网的时候问我问题，我才开口，有逻辑、有观点地回答问题。有些问题，我回答得很流畅，有些问题，我会卡壳，但每一次总会有新的观点。

我跟着师兄吃了整整三年的流水席。每次吃饭，师兄都会很郑重地跟在场的所有大佬介绍我。这背后是我一直很清楚自己的相对优势。第一，在那群平均年龄40岁以上的投资大佬面前，我是个小朋友，但我代表着年青一代对互联网新生事物的敏感性，我们之间存在信息互换的空间。第二，我当时在腾讯做的是战略分析，这就意味着我不只有年轻用户视角，还有对互联网行业的结构化认知。

为了这唯一的闪光点，我需要拼尽全力。要知道，那些大佬个个是深圳顶级金融集团的高层管理者，他们问的都是高水平问题，我只能让自己快速进化。于是，吃流水席那段时间里，我真的超级用心，做了无数本职工作外的事情，约跨部门同事深度沟通业务情况，详细了解QQ秀、QQ空间的财务状况。

就在这些高质量、高密度信息输入输出的过程中，你会发现，一些你平时根本接触不到的人开始主动向你请教问题。而当你的人际关系网越来越宽广，你几乎就能"幸运地"抓住任何可能出现的机遇，你进入了人脉的正向循环。

> 行动指南：
>
> 找到并不断放大你的差异化优势。

控制"出镜率"

人脉是高质量的人际关系。这种高质量关系的形成，来自我们的主动出击、真诚赞美和努力耕耘，来自长期高质量交流的情感沉淀，也来自我们自身交换价值的不断增值。

在我们初入职场、一无所有、默默无闻的时候，主动与大量不同圈层的人建立连接是一件非常必要且长期受益的事情。但是，你并不需要认识很多人才算拥有一个强大的人际网络。

建立连接是一项你需要自主参与、耗费时间精力的过程。你需要花费大量时间精力去见面、吃饭、聊天。在你的交换价值没有巨大蜕变的时候，经营关系的边际收益一定是递减的，你甚至会因为无效的人际关系而承担沉没成本。

人脉的本质是交换，不要忘记这句话。你的交换价值是高质量人际关系存续的终极燃料。在你的交换价值没有明显提升的时候强行拓展人脉，它能为你带来的关系质量会越来越低。所以，尽可能清醒地提醒自己，你可以控制好经营方向，以及在人脉拓展上的时间和精力投入。

拿出你每周的待办事项或每月的人际互动记录，这些是否能帮助你实现你的核心目标？如果不是，可能是时候放弃其中一些事项了。人际关系这道课题需要永远处于测试和改进中。而最重要的是，只有你自己才是你职业生涯的创造者。

在我自己作为"人脉高手"穿梭在深圳大佬圈、自我感觉超级好的那三年里，我并不知道这个道理。那时我在有3 000多名成员的北大深圳青年校友会中任副秘书长，除我之外的所有副秘书长都是深圳各大集团董事长。我每天晚上都有饭局，作为一个20多岁的年轻人，跟深圳顶级政界商界大佬吃饭喝茶，深圳有点名气的公司都有我认识的人，这让我自我感觉超级好。

但那期间发生的一件事彻底改变了我的人脉观。一次，我生了场不大不小的病。在独自打车去福田中医院的路上，我打开手机准备发短信让人帮我在住院手术期间送饭，打开通信录的那一刻，我愣住了——我完全不知道发给谁。那个瞬间，一股悲凉涌上心头，我马上要做手术了，却不知道找谁帮我送饭。我费尽心思社交获得的人脉仿佛都是虚幻。最后我只能给前女友发短信。住院期间，有个北大校友不知怎么打听到我住院的消息，拎了串香蕉来看我，就在我感动到哭的时候，他开口了："许单单你好，你能帮我介绍一个人认识吗？"

他想让我介绍的是一位经常与我一起吃饭的"大人物"，在整个商业圈都举足轻重。在那之前的一年多时间里，想通过我找那位大人物的人数不胜数，我本来都习以为常了，但这次我彻底顿悟了：我已经走进了人脉的误区，开始为了建立人脉而建立人脉。我的脑海里闪现出一幅画面：一棵粗壮的树和一只蹦来蹦去的蚂蚱。那位大人物就是树，我就是蚂蚱。

出院后，我决心再也不做校友会了。我从扎入人堆变成了足不出户，只跟与工作业务相关的人见面。后来，我跳槽到了北京，把房子租在走路到公司七八分钟的地方，然后整整两年埋头工作，除了出差公务，几乎不出金融街。

再讲一件我亲眼见到的事。过去6年，从中欧国际工商学院到湖畔大学，我跟学而思集团创始人张邦鑫一直是同班同学。我观察发现，他平时很少说话，也不怎么参加班级活动。但只要讲到怎么做企业，他可以滔滔不绝；只要是对公司发展有用的活动，他一定积极参与。我想，他不是不经营人脉，而是拒绝为了建立人脉而建立人脉。他很清楚自己要什么，懂得如何让人脉为自己所用。他是我的榜样。

> 行动指南：
>
> 控制你的人脉成本，只有你自己才是你职业生涯的创造者。

忘记人脉，记住朋友

人与人的关系是相互的。当你真诚关心、认真对待、适时给予时，对方也会持续为你们的关系去投入。

更奇妙的是，人的行为和信念也是相互感染的。当你享受与那些自己欣赏的人的每一次聊天时，你很容易染上他们的情绪，模仿他们的举止，甚至将他们的价值观内化成自己的。

到最后，这种关系会发展成友谊。就像拼多多创始人黄峥把段永平当成人生导师，段永平却说"我和黄峥是 10 多年的朋友了，我了解他、相信他"。

过去这些年，我认识了几乎所有中国互联网投资圈的知名投资人，但真正走得近的就那么几个。对于这几位关系亲密的前辈，我从来没有为了维护关系而维护关系，我真心喜欢和他们交流。

一开始，他们的聪明、智慧强烈吸引着我，我希望成为他们那样的人。后来，我更着迷于那种日常烟火气中人与人之间发自内心的情感流动。

其中有一位比我大 12 岁的投资人师兄，但我后面越来越觉得他就像是我的大哥。他一直觉得我是个有前途的人，我这辈子肯定会很有成就。我经常去他家里吃饭，跟他的家人、父母、朋友混得很熟。

2020 年 12 月 31 日跨年那天，我恰好在深圳，就给师兄打电话："好久没见了，师兄在深圳吗？"师兄马上回："我在，今天晚上跨年，来我们家呗。"尽管好久不见，我依然觉得很亲切。

> 行动指南：
> 超越人脉，忘记人脉，你会收获人与人之间最好的情感归宿。

结语

回到最初的起点，经营高质量人际关系的终极目标是成长。这是每一个想成长的年轻人绕不过去的考题。而当我们将心比心地开展一场与陌生人的连接，当我们不吝真实地表达着我们对他人的喜爱和赞美，当我们用心吸收前辈的指导、建议甚至批评，当我们不断提醒自己为交换价值"充值"……人脉已经悄然来到我们身边。到最后，我们与其中一部分人走向了最美好的归宿——朋友。那时，在这场成长测验中，我们已经跑在了"出题官"的前头。

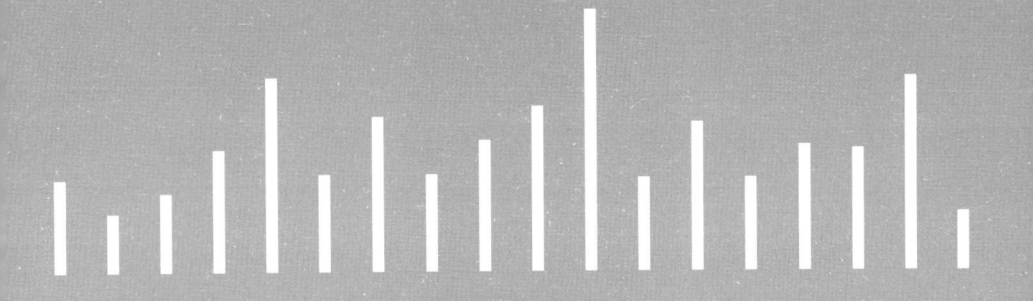

第三章 被看见 主动创造机会,点燃成长"引线"

大约 5 年前，一个 24 岁的应届毕业生在拉勾做培训专员。一次内部管理会，他也在场。虽然是基层员工，但他发言很积极。当时我不认识他，只觉得他的发言很有系统性，思路很清晰，有些观点也很透彻。后来开管理层会议或者重要问题讨论会时，我就有意让他一起参加。他过去学了很多企业管理模型，发言一直很有深度。

再后来，公司要开发一个新产品。前两任负责人都做失败了，我们就想让他试试。结果他一下子就做起来了，从专员直接晋升为一个业务板块的负责人，那时他才来公司一年半。

而一切的开始，不过是他在一个普通会议上有质量的发言被听到了而已。这位年轻同事的故事，让我想到了"机遇"这个老生常谈的话题。人在年轻的时候多少都会有那么一丝怀才不遇的感慨，觉得自己是被埋没的金子——有能耐、没机会、无人赏识。

但是，人与人之间真正的差异小之又小，大多数人的起步没有太大差异，最终成就却千差万别。其中一条关键的差异，我觉得是每个人对成长的触发逻辑、对机遇的认知不同。

你可能会觉得自己需要一段时间好好准备，等准备得差不多了，能力提升得也差不多了，就可以去做更高级的事情了。但能力不是准备出来的，能力是在不断处理更复杂、更有难度的事情过程中锻炼出来的。成长也不是自然发生的，成长是在不断解决复杂问题的过程中发生的。你先得到处理复杂事情、解决复杂问题的机会，能力才可以提升，成长才可以发生。

在全球著名投资机构黑石集团联合创始人苏世民提出的25条工作和生活原则中，其中一条便是："在年轻的时候，请接受能为自己提供陡峭学习曲线和艰苦磨炼机会的工作。"

不是每个人都可以获得做复杂事情的机会。在今天这个竞争极度激烈的世界，机会才是最稀缺、最不均等的资源。无论你喜欢与否，在你进入职场、踏上成长旅程的那一刻，你就已经在被动接受竞争的现实了，每个时代都是如此。就在我们感慨自己怀才不遇的时候，一定已经有人主动让机遇上门了。

而当我们换成决策者的视角，更有意思的事情发生了。别看一家公司动辄几千几万人，老板们大概率不知道关键时刻谁能独当一面。无论公司规模大小，老板永远觉得公司缺优秀的人，所以他们甘愿花巨大的力气招聘。我去年为了招到一个业务负责人，连续几个月天天面试，光面试就花了近 200 小时。

所以，需求和机会一直存在。关键在于，在教育背景、能力、经验基本相同的情况下，你能不能让决策者优先看见你、认可你、给你机会。这个社会没有怀才不遇。

主动让自己被看见，这是机遇的敲门砖，是能力提升的钥匙，是指数级成长的起点。这把钥匙掌握在你自己手里，你要非常努力、非常拼命，再加上一点点合适的策略和方法，才能争取来。

最后，经过一次次机遇的放大，每个人的成就将是指数级的差异。这十几年来，我一直认为世界运行逻辑就是如此：优秀的人会越来越优秀，平凡的人会更平凡。如前所述，假设 1 是平均水平，1.01 就代表比平均水平高 1%，看似不起眼，但持续累积的 1% 就是巨大的质变。

我相信个人成长也是，即正循环和负循环，优秀和平庸之间的差距会越来越大。也就是说，如果长期无法得到机会加速助推，即使维持原样也是退步，因为有人早已驶入指数级成长的快车道。

回顾我自己成长过程中那些得到机遇助推的经历，有很多运气成分，但更多的还是那些用心让自己被看见的行动。我身边还有很多同龄人、年轻朋友，他们用不同的方法让自己被看见，获得了比同龄人更多的机会。我希望你能从这些故事中寻得几条让机遇上门的心法，有些不用我说，你一定早就知道，有些你可能从来没有仔细考虑过，都没关系，重要的是去践行它。成长是终生的事情，一两次的运气或机会不重要，重要的是你以什么样的心态和方法不断让机遇上门。

最后我想提醒大家一点，被看见是有前提的：把事情做扎实。就像秀肌肉，你不能秀假的，否则就是给自己挖坑。在这条机遇加持的陡峭成长曲线上，唯一不变的规律是，我们每个人都只有在自己变得更厉害之后，才有底气敲开更多扇机遇之门。

打好气质仗

在你初入职场、默默无闻的时候，如何先人一步，让别人一眼就能看见你，并且认可你？从我的合伙人 Ella（鲍艾乐）分享的一个故事中，我找到了答案。

大约 10 年前，一位北大的大一新生来 3W 咖啡实习。实习生通常不是一个容易被注意到的群体，但 Ella 见到她的第一眼就印象深刻："她涂了口红，穿着尖头高跟鞋，上半身是正装外套，下半身是半裙，标准的白领装扮。"

"我暗暗觉得她挺坚强、挺好强的，她才 18 岁，瘦瘦的。现在想起来，她的高跟鞋似乎也大了半码。但她传递给人的信号就是'我准备好了''我愿意很好地投入工作''我在努力地研究如何做得更好',如果我对她委以重任,她应该也能靠谱地处理。人的行为是有一致性的,认真对待着装的人,在工作中往往也会严格要求自己。"

这么多年过去了,Ella再也没有见过她,但她坚信,这个女孩会有很好的发展。只因为着装这件小事,这个实习生被Ella看见了,并且得到了认可和信赖。

一个人的职业形象是别人拿来做评价的首要标准,这是最简单直接,也最容易被忽视的一种被看见。透过你桀骜不驯外表看到深刻内涵的伯乐,或许只存在于电视剧中。

在中国,职业形象似乎并不是一个常见的概念。但事实是,每天早上从出门上班开始,你就成了一名职业人,你的穿着打扮、言谈举止都不仅代表你的私人状态。

管理好你的职业形象,不管公司有没有具体要求。这不是讲究、做作或者矫情,不只是穿正装、系领带,还要做好每一处与职业身份相符的外在细节。一个每天西装革履时刻准备见客户的商务人士,一个时刻面带微笑与人沟通的公关经理,一个牢记关键数据的区域销售人员……

就像Ella说的,人的行为是有一致性的,你只有在乎自己的职业形象,珍惜自己的职业身份,你才可能在每一处细节上做到值得信赖。机会是建立在别人对我们信赖这个基础上的。

> 行动指南:
>
> 被看见,从管理职业形象开始。

大公司的"第一排效应"

大公司会使每个员工的贡献平均化。在大公司,普通员工的表现其实很难衡量,甚至也没有人要求他们做出突出表现。这相当于划定了一条平均线,只要超越这条平均线,可能只是一个很小的动作,你就会被看见,然后得到机会。

我讲个故事吧。A 同学和 B 同学都是本科毕业,同时进入一家公司,做的是类似的职位,能力也差不多。其实刚毕业,每个人的能力也差不到哪里去。

一次,两人同时参加一个会议。那是一间大会议室,A 坐到了第一排,B 坐到了最后一排。会上,老板很容易注意到第一排的 A,偶尔会点名 A 发言。A 有了压力,只能强迫自己努力参与,怕万一答不上来会很尴尬。这么一来一回,老板觉得 A 挺积极,也挺爱思考,就进一步想听他的看法,这又迫使 A 更积极主动地思考。

坐在后排的 B 呢,因为没有压力,本能地就不那么投入会议，偶尔刷刷手机，开开小差，反正老板注意不到他。同样参加两个小时的会，A同学和B同学的思考量、投入度是不一样的。

再后来，因为经常被提问，A每次开会都积极投入，甚至平时也更加努力，到会上时刻准备着要发言，深思熟虑地说出自己的想法。慢慢地，领导对A印象好，复杂的事情就多交给他做。做的事情越多，了解的信息越多，越有建议和对话的能力。

那么B呢？很可能慢慢地就成了职场里的"隐形人"。职场中的沉默是很可怕的事情。沉默的本质是你认为自己不重要。当你认为自己不重要，别人也就觉得你不重要。任何一个组织，决策者看到的永远是团队这个整体，他们很少有时间仔细考察每个人，更没有时间和精力说服一个惯常沉默的人去争取机会。

A和B本来没什么能力差别，也许A只是凑巧坐了第一排，但差距就这样发生了。大多数人沉默的时候，一个积极发言的人自然会被看见。每个人心中都有惰性，主动创造压力、利用压力，逼迫自己全神贯注，逼迫自己大声发言，其实是帮自己驱散惰性。

从决策者的视角来看，坐到前排、主动发言彰显的是一种积极主动的态度。在这方面，印度人是我们的榜样。

在硅谷，印度人可能是一个公司里最擅长、最有意识、最积极主动推销自己的"投机分子"，他们会找到一切机会推销自己，印度文化也鼓励辩论和争论。而中国人往往受儒家思想熏陶，倾向于谦逊、和谐、稳定，不习惯大声说出自己的观点。如今人们笑称硅谷已经被印度人"统治"了，其实是有这方面因素影响的。

"每个人的第一职责是让这家公司成功。"这是写在特斯拉员工手册里的话。这句话隐含了一条敲开机遇之门的路径：为公司创造附加价值。只要你看到了能够给公司带来好处的机会，大声说出来吧，就算它不属于你的职责领域。只有自己知道的好主意一文不值。

你相信一个职业技术师范院校的毕业生可以进腾讯，并且薪水比北大研究生还高吗？我亲眼见过。2007年，我入职腾讯。我有两个室友，一个跟我一样，是北大研究生，另一个毕业于职业技术师范院校，是他们学校唯一进腾讯的人，堪称"全学校的骄傲"。

新员工培训时，我和北大的室友聊天："我们在腾讯做两年就该跳槽了。"那位职业技术师范院校毕业的室友恰好听到了，瞪圆了眼睛对我们说："腾讯对我们这么好，我们要'生是腾讯人，死是腾讯鬼'。你们刚入职就说未来要走，你们是坏人，我要跟你们划清界限！"我当时觉得他挺有意思，看起来愣愣的，心思很单纯。

他入职的运维部属于技术含量相对低的IT（信息技术）工种。有一天，他偶然发现了一个问题，如果解决了能帮公司省一笔钱。之前其实有人发现过类似的问题，但没有人真的去做点什么。但他二话不说，撸起袖子就干。他要做本职工作，还要额外做给自己找的事情，忙到一周两三天睡在办公室。

一段时间后，他真的把问题搞定了。后来腾讯的CTO（首席技术官）张志东知道了这件事，跨级写邮件表扬他。再后来，他一年涨薪两次，薪水比我们这帮北大研究生都高。这件事情对当时还在混日子的我来说，是很有震撼力的。我发现，所有老板都是聪明的，当一个员工主动超越自己职责范围去给公司创造价值时，他是会被看见的。

这里的核心动作，依然是主动。与职场上的回报相似，机会也是有滞后性的。你只有表现出你愿意、有能力承担更复杂的任务，然后你去做了，你才可能得到它。

脸书的首席运营官谢丽尔·桑德伯格在刚加入公司时，曾经与手下团队讨论一个关键的问题。现场，许多人坚持己见，讨论得十分热烈，但一个星期过去了，仍然没有形成一致意见。这时，一个同事用整个周末的时间收集市场数据，以便让大家从分析的角度来重新组织讨论。他的努力打破了僵局，也为自己赢得了机会，后来桑德伯格扩大了这个同事的职责范围。

我们不知道机会什么时候来临，最好的办法就是时刻保持战斗状态，全情投入。说实话，谁也不觉得你会把全部精力投入工作，这恰好是你的机会。

职场如此，经营企业亦是如此。很多人因为总理点的一杯卡布奇诺认识了 3W 咖啡，但得到这个巨大的机会并不完全是因为幸运。在那之前，总理的调研团队曾经有好几个备选项。为了确定最终去哪家，调研团队化装成普通游客，在中关村观察了半个多月，摸排每家咖啡馆的真实经营情况。最后评估的结果是，3W 咖啡做的事情是更扎实的，来 3W 咖啡创业的人是真正靠谱的，调研团队这才决定来 3W 咖啡。这次机会上门，100% 来自我们在创业中每一分每一秒的全情投入。

> 行动指南：
>
> 深吸一口气，让自己往前排坐，让自己有话要说，让自己全情投入。

极度努力，超额回报

"我知道要努力啊！""我已经尽自己最大的努力了！"努力，这两个字刚写出来就容易被嫌弃，一点都不酷。但是承认吧，大多数时候，我们真的没有拼尽全力。而那些真正拼尽全力的人，早就在不知不觉间被看见了，并且收获丰厚的"努力复利"了！

我讲一个故事。一个 25 岁的大学毕业生，在老师的介绍下加入了一家在别人眼里"老婆也找不到"的破企业。为了找到一个必须辞职的充分理由，年轻人决定不再发牢骚，不再说怪话，先埋头工作。

他的工作任务是研究最尖端的新型陶瓷材料。为了做好工作，他把锅碗瓢盆都搬进实验室，睡在那里，一日三餐也顾不上吃，昼夜不分地做实验，在旁人看来甚至有一抹悲壮的色彩。

在拼命努力的过程中，不可思议的事情发生了。一个25岁的毛头小子，居然一次次取得了出色的科研成果，成为无机化学领域崭露头角的新星。与此同时，年轻人一改从前对公司的怨念，甚至产生了"工作太有意思，太有趣了"的念头，于是更加努力地工作，也不会想着辞职的事了，人们对他的评价也越来越高。这个年轻人就是日本经营之圣稻盛和夫。

"只有付出非同寻常的'不亚于任何人的努力'，才有可能在激烈的竞争中取得骄人的成绩。"这是稻盛和夫在《干法》中告诉我们的。

当你竭力把一件事做到完美时，你一定会被看见。在我的合伙人Ella职业生涯的早期，有一次大领导突然要求每个人都写一份项目规划。那是一个挺难写的方案，而且隔天就要交。

Ella吭哧吭哧写到下午六七点钟，身边的同事一个个坐班车走了，她还在继续写，不知不觉写到凌晨三点，最终写出一个资料特别翔实、调研特别透彻的方案。其实这项工作已经超出了她的岗位要求，但她也没多想，发了汇报邮件。

第二天，大领导把这封邮件转发给了 Ella 所在级别以及她领导级别的所有人，那时 Ella 才知道，原来大多数同事连一页 A4 纸都没写满就交了上去。从那之后，大领导可能不知道其他人谁是优秀的，但他一定记住了 Ella 是优秀的。当挑战复杂、高难度任务的机会出现时，他会想到 Ella。

这让我回想起自己在金融行业做互联网分析师的那段时间，也真的是每天披星戴月、两点一线，只见跟业务有关的人。这样拼命工作，才有了后来幸运地抓住了微博的红利期，用专业扎实的内容输出吸引了一批互联网大佬关注，才有了后来因诸多大佬的加入，让 3W 咖啡在早期一炮而红。

为什么越优秀的人越努力？因为他们已经把努力内化为了一种习惯。就像对 Ella 来说，拼尽全力是一件很正常的事，每次不用考虑就去做，用 Ella 的话说："我就是那个每次花 200% 的力气做出 120% 成绩的人啦。"

习惯很难养成，一旦养成就很容易维持下去。在《洛克菲勒留给儿子的 38 封信》中，洛克菲勒把习惯比作绳索，每天织一根，最后它会粗大得无法斩断。把努力当作习惯，不用去想，直接去做，这是对抗惰性、平庸的最好方法。

拼尽全力似乎是一件很难、很沉重的事情。但是换个角度来看，拼尽全力其实就是刻意强化那个我们心里本来就有的小马达：职业尊严。

我看过一个国际顶级咨询公司麦肯锡员工的故事。C同学刚入职不久，一天跟同事核对项目中期报告核到凌晨2：30。这时项目老大走进来，从头开始审核。然后发现一条数据与常识不符。C同学解释，数据是公司一个负责客户专业方向的同事认真分析后得出的。

其实在咨询行业，某些数据对不上很正常，不同口径和方法得出的数据本来就很可能不一样。C同学这时心里就盼着老大说一句"行了，这次就这样吧，下不为例"。天都快亮了，但老大坚持找到更合理的数据。临走前，老大留下了一句"对不起，我不能让这种东西出现在我的报告里"。

这句话，C同学一直记得。能否把一份报告做到完美，这事关一个咨询人的职业尊严。因为涉及尊严，所以拼尽全力也要维护好，没有任何妥协和应付的余地。今天，职业尊严已经成了一种稀缺资源，所以那些内心有坚守的人总能闪闪发光。

> **行动指南：**
> 把拼尽全力当成一种习惯，把职业尊严记在心里。

做一个"会吆喝"的人

我发现,如今越来越多互联网公司在设置企业招聘的职位头衔时,都不再用"××经理",而是"××专家"。因为大多数公司想找的是能够在一个特定领域把事情做到专业的人。不是合格,而是专业。

当你从专家的角度重新认识自己时,你会发现,你的工作地点不只是办公室,你的客户不只包括当前正在服务的对象。凡是你能为其创造价值的,都是你的客户,都是你应该争取向其展示才能、获取机会的对象,无论对方在世界的哪个角落。

通过创造有价值的东西在市场上得到回报,硅谷创业之父保罗·格雷厄姆甚至在其著作《黑客与画家》中直接将它视为一种"更简单的致富方法"。

从现在开始,动动手让自己的才能被更大的世界看见吧!无数巨大的机会就蕴藏在电脑屏幕的另一端,而你要付出的可能只是每天不到半小时的输出时间,去社交平台发表专业评论,在专业论坛上回答专业问题、输出见解,给专业媒体投稿,做自媒体分享专业知识……

大概10年前,微博刚刚兴起的时候,我开始写微博。刚开始只是为了研究产品,那时我还是互联网分析师。我在微博生产了大量专业视角的互联网评论,成了微博官方加V认证的华夏基金互联网分析师，粉丝很快上万，微博阅读量也越来越高，一些原来根本接触不到的互联网大佬居然主动关注了我。

有一次我出差深圳，发了一条再普通不过的打卡微博，这条微博被深圳一位房地产界的商业大佬看到了，这位大佬主动约我见面。后来他成了3W咖啡最坚定的投资人和支持者，在3W咖啡很艰难的时期，他帮了我很多。

我的妹妹现在在做产品经理的工作，之前我建议她有空的时候做一个公众号，写专业的产品分析文章。后来有篇文章真的被一位知名投资机构的合伙人看到了，主动找她交流。对一个年轻的产品经理来说，这就是一个大部分同行很难企及的机会。

个人需要被更多人看见，企业同样需要被更多人看见。10多年前，阿里巴巴还不像今天这样知名，马云到中央电视台录制《赢在中国》的电视节目，一下子让全国人民知道了阿里巴巴。这也是利用一个合适的渠道让阿里巴巴被更大的世界看见，获得更多业务的机会。

最后，不要忘记英国诗人华兹华斯的话："我们判断自己，是根据我们能够做到的事情；而别人判断我们，乃根据我们已经做成的事情。"能够让需求方产生信赖，最终将机会放到我们手上的，不是一个加V账号、一篇文章、一条视频，而是我们已经做成的事情。不要忘记往你的专家主页添加更多成果。

> 行动指南：
>
> 利用社交网络，让你的才能被全世界的"客户"看见。

PPT 里的每个字都要征服观众

我们做出各种行动和努力，来提高自己被看见的概率，那么，当机会真正来临的时候，请极度认真地对待。

"归根到底，成功就是抓住了寥寥可数的机遇。要始终保持开放的思维，冷静观察，高度警觉，随时准备抓住机会。"苏世民在其自传《苏世民：我的经验与教训》中这样分享他的经验。

我深以为然。机会就在我们工作和生活中的每一瞬间。机会不会大声说"我是机会，我来啦"，而是看似不起眼、无声无息、稍纵即逝的，只有那些善于观察、敢想敢做的人才能抓住。

在外界看来，3W 咖啡是含着金汤匙诞生的。但我心里一直很清楚，3W 咖啡刚开始其实不过是一家小咖啡馆。3W 咖啡宏大发端的起始，只是一个看似平平无奇的机会。

那是 2011 年，中关村当时还没有创业大街，也没有"双创"口号。有一次，我听闻一位政府机构的负责人即将路过那里，可能会来 3W 咖啡看两眼。这位负责人很认可民间创新，可能愿意支持我们创业。我立马拉上两个合伙人一起准备PPT。

不过10页的PPT，我们三个人磨了七八个小时——改标题、改位置、改字体、改字号……用Ella的话说就是"当成一个顶级投资人会议来做准备"。

这还不够，我还强行把自己切换到一个很忙碌、可能只是很随意跟我们聊一下，也没准备听我们讲PPT的管理者的视角。如果我要抓住他的注意力，打动他，给他留下深刻印象，那我应该怎么呈现和编排内容，怎么把亮点放在最前面？

后来的结果大家应该猜到了，那位负责人觉得PPT讲得很好，也愿意帮我们推荐更多机会，3W咖啡跟政府体系的接触从此有了一个切入点。到后来，我有机会在一年多的时间里上了七八次新闻联播，3W咖啡和拉勾也获得了高层领导的数次到访。

每一个机会都很重要。你根本不知道一旦失去这个机会，意味着失去了什么。唯一的办法就是死磕每一个机会。

> **行动指南：**
>
> 当机会来临的时候，不评判大小，全力以赴。

结语

我一直记得星巴克前 CEO 霍华德·舒尔茨的自传《将心注入》中一句很形象的解释:"如果你不去做一条敢打敢斗的夹紧尾巴的狗,去搏一下计划,那么你会得到最糟糕的下场:平庸。"你不是非要被看见,但你一定不会甘于平庸。

管理职业形象,坐到前排,大胆发言,极度努力,输出专业知识,不放过每一个小小的机会……让自己被看见的方法还有很多,但方法永远建立在愿力的基础上。我从书中看到的传奇人物,我身边优秀的同龄人和年轻朋友,他们敲开机遇之门的方式各不相同,但每个人一定都有一个非做不可的理由:职业尊严、人生信念、出人头地的梦想,抑或只是简简单单的不服输。找到那个你自己非抓住机会不可的理由,剩下的,就全情投入吧!

第四章 **假装** 尽早把自己塞进成长"练兵场"

2004 年，我 21 岁，本科毕业，决定改变自己。

那时的我是一个极度害羞、内向的大学生。害羞到什么程度？走在校园里偶遇同学，我会赶紧低头过去，不敢抬头和同学打招呼。我嫌自己发型土，又不好意思换，怕换了发型被同学笑话。毕业手册上，有同学给我的寄语是：希望下次在路上见面的时候，你可以抬头打个招呼。

你很难把当年那个极度害羞的大学生许单单和今天作为 3W 咖啡和拉勾创始人的许单单联系起来。乍看起来，创立 3W 咖啡和拉勾一定是一个非常开朗、活泼、擅于社交的人才可以做成的事。于是我想，我从一个骨子里内向的人变成一个大家眼里很开朗、外向、沟通能力很强的人，还利用沟通能力做成了一些事情，这对很多年轻朋友也许是有启发的。

其实我的方法很简单：假装。这个世界上，只有极少数人觉得自己是外向的吧。大多数人都觉得自己有一点点内向，没那么擅长与人打交道，但很多机会的得来又需要我们积极与外界交互。的确，我们不可能突变成一个非原生性格的人，但你可以假装如此，在机会悄然降临的时候，稳稳地抓住它。这几年流行一句话：人生如戏，全靠演技。这让我想起自己还是毛头小伙的时候，有一次被红杉资本全球执行合伙人沈南鹏约喝咖啡，服务员递来酒水单，我假装很懂的样子说："点一杯跟对面这位一样的。"

在心理学家看来，假装其实是一种很普遍的心理状态，体现了人类个体向现实迈进过程中的认知成长。追溯到远古时代，每个人都有尽可能收集有利信息、规避有害信息的心理倾向，然后用假装的方式把自己保护起来。到了现代，我们有了更多假装的理由和需求，法国思想家拉罗什富科说："任何场合中的任何人都想给别人留下自认为较为合适的印象，于是人人都伪装自己的面貌和外表，故此社会就是一个被伪装过的东西。"

而当你有意识地利用人类假装的天性帮自己突破看似无解的性格局限时，你就掌握了成长的主动权。有研究表明，普通人的大脑被开发程度不超过 20%。我们常说 20 多岁初入职场的年轻人是一张白纸，因为这是一个人可塑性最强的时候。如果你觉得这件事不符合你的人设，那件事你做起来不顺手，你就是在扼杀你身上更多潜力被激发出来的机会。用假装制造更多让潜力被激发出来的环境吧。

一辆车上路,最耗能的一定是启动的瞬间,假装就是我们全副身心踩下油门的那一脚。而一旦启动,能耗会迅速降下来。就像我研一时拼命假装外向,后来有了组织毕业活动的机会也不拒绝,积累了活动组织经验和人脉,为工作后组织北大校友会深圳分会埋下了伏笔。后来我甚至主动联系比自己高很多届的校友师兄,转入金融行业,组织行业沙龙,约大公司高管聊天,一直假装的沟通能力得到了正向加强,进入了假装的正循环。

而假装的前提只有一个:别看低自己。普林斯顿大学哲学博士斯迈利·布兰顿在《爱,或寂灭》(*Love, or Perish*)中写道:"对每一个正常人来说,适度的自爱是一种健康的表现,适度的自重对工作和成就都大有裨益。"这些年我在拉勾内部也经常讲一句话:优秀首先是你觉得自己优秀。你觉得自己应该是一个优秀的人,你才会刻意假装自己是优秀的样子,才能启动优秀的正循环。

破洞裤、红头发,我不是原来的我了

读本科的时候,除了上课以外,我的人生只有两件事:泡在图书馆学习,做家教赚钱。好在那时我已经开了一些眼界,我模糊地意识到只会学习是不能成功的。我开始认定成功人士一定是开朗外向的，我深深责备自己的害羞、内向，甚至觉得害羞是一种懦弱的表现。我无比想要变成一个开朗、外向的人。

但我只是一个农村出身、默默无闻的大学生。没有人教我怎样变得开朗，我只能自己寻找方法。走在路上、坐在公交上，我都偷偷观察那些看起来人缘好、朋友多、很成功的人是什么样子，希望找到一丝一毫我可以模仿的东西。

后来我真的找到了"线索"。我发现，穿破洞裤和无袖拉链T恤、染头发、戴帽子、偶尔爆点粗口的小伙子更容易给人留下开朗的印象。本科毕业的那个暑假，机会来了。

我即将进入一个新环境——进北大读研。没人知道我以前是什么样子，我可以尽情地"装假"。我买了一堆无领连帽T恤和花衬衫，穿的时候故意把上衣拉链拉得很低，裤子上全是洞，头发染成了棕红色，开始学吉他、玩滑板，甚至刻意说一点脏话。

模仿是人类与生俱来的能力。在我们刚出生、一片懵懂时，正是我们的观察和模仿能力让我们快速学习关于这个社会的一切，然后很好地去适应它。所以，外在的假装其实挺容易。

当然，现在想想，这些外在的假装其实没有什么实际作用，但那时那刻，它们帮我铆足劲、壮了胆——我都染成红头发了，你还会觉得我内向吗？

人类还是天生就擅长自我暗示的生物。当我们用假装开启了外在的、有形的、抓得住的改变时，这些外在的变化真的会影响我们的内心。

谢丽尔·桑德伯格在自传《向前一步》里就分享了一个"假笑"的故事。那是 20 世纪 80 年代，年轻的桑德伯格在练习健美操时需要整整一个小时保持微笑。有些时候，笑容是自然流露的，有些时候，她心情很糟糕，就不得不假笑。不过，在强迫自己微笑一个小时后，她常常会觉得快乐了许多。还有一次，她和丈夫吵架，突然发现两人不得不一起去朋友家吃饭，于是两个人同时挂上"一切都很好"的假笑。奇妙的是，几个小时后，之前的不快自动消散，一切似乎真的已经变好了。

在第三章里，我分享过一个拉勾实习生的故事。一个刚念大学的 18 岁女孩，实习时居然穿着超级正式的白领职业套装，化着精致的职业妆。我猜想，她或许也是希望用外在的变化给自己暗示：我是一个真正的职场人了，我一定会做得很好。

阿里巴巴创始人马云有一套"借假修真"的管理理念。正是这简单的四个字，奠定了阿里销售铁军的强大组织基石。这背后也有一个流传甚广的小故事。

2008 年底，马云去广东出差，跟时任阿里广东大区销售总经理干嘉伟吃饭。席间马云与干嘉伟分享了借假修真的道理："假"是标准操作规范，"真"是组织发展。KPI（关键绩效指标）只是手段，真正的目的是通过 KPI 的设计找到靠谱的人，建立强大的团队。

干嘉伟当时正处在从团队管理的第三层次跨越到第四层次的瓶颈期，听完豁然开朗，像是打通了任督二脉。后来干嘉伟跳槽到美团，再次成就了美团的地推铁军神话。其实个体的假装也是这个道理，借外在的"假装"，修内在的"真强大"。

假设再深究一层，为什么外在的假装可以修炼出内在的真强大？我觉得是信念的力量。当你内心深处对一件事有期待，有相信时，你真的会全情投入地行动起来。这是心理学上著名的"皮格马利翁效应"（又称"期待效应"）的重要结论。

1968年的一天，美国心理学家罗森塔尔来到一所小学，从一至六年级各选3个班，对这18个班的学生进行了一项"未来发展趋势测验"。然后，他用赞许的口吻将一份"最有发展前途者"的名单交给了校长和老师，并叮嘱他们务必保密，以免影响实验准确性。其实，名单上的学生是随便挑选出来的。8个月后，罗森塔尔对那18个班级的学生进行复试，奇迹出现了：凡是上了名单的学生，个个成绩有了较大进步，且性格活泼开朗，自信心强，求知欲旺盛，乐于和别人打交道。实验者认为，老师因收到实验者的暗示，对名单上的学生抱有更高期望，有意无意地通过态度、表情、体谅和给予更多提问、辅导、赞许等行为方式，将隐含的期望传递给这些学生，学生则给老师以积极的反馈；这种反馈又激起老师更大的教育热情，维持其原有期望，并对这些学生给予更多关照。如此循环往复，以至这些学生的智力、学习成绩以及社会行为朝着老师期望的方向靠拢，使期望成为现实。

告诉一个人你对他的期待，这个人就会成为那样的人。从这个角度看，假装就是你默默给自己一个期望值，赋予内心一个积极信念，告诉自己：我能成为想象中的那个人。就像我假装自己很开朗，我一开始就认定自己应该是一个优秀的人。

> 行动指南：
>
> 假装你能成为想成为的人，从外在的微小变化做起。

假装你行，直到你真的行

珍妮·罗森是一位从小与抑郁症、焦虑症以及多种障碍症抗争的作家。一天，她参加自己即将出版的第一本书的有声书录制。

这是她拼命争取来的机会，大部分有声书都是出版商找嗓音动听的专业配音演员完成的，而珍妮形容自己的嗓音"就好像米老鼠米妮生了病"。

录音时她无比紧张，每隔几秒就会被打断一次，让她把刚才那句话重新念一遍。后来，制作人让她去休息一会儿。珍妮猜想，也许自己走开后，制作人就会打电话让配音演员过来。这时，她意识到自己多么想用自己的声音讲出自己的故事。

她躲在洗手间，给朋友发送了一条狂躁的短信，说自己此刻惊慌失措，她快要失去亲口讲自己故事的机会了。朋友只回了她几个字：假装你很擅长。

这似乎太简单了，但也是珍妮唯一能做的了。她把这句话潦草地写在自己的手臂上，像咒语一样念了几遍，然后走回录音室，假装自己是一个在念自己的故事时能够给人带来惊艳之感的人。接下来一个完整的段落，她没有被打断。制作人盯着她说："我不知道你刚才怎么了，但是请你保持下去。"

从那以后，每次不得不上台表演或朗读前，珍妮都会把"假装你很擅长"写在身上，然后做一次深呼吸，假装已经拥有自己需要的自信。"我假装自己很擅长，而且不知道怎么的，我就真的变得很擅长了。"

这是珍妮在其新作《高兴死了！！！》里写的一个故事。一个年轻人看到这本书后发出了这样的感慨：这真是一个莫大的鼓励。

这个年轻人性格内向，一直记得老师对自己的评价：你适合从事独立性的工作。于是他小心翼翼、尽善尽美地完成自己的工作，然而一旦涉及与人合作，任何小事对他来说都是费心力的，都需要莫大的勇气。当他发现自己还可以假装擅长与人交往，擅长生活，擅长热爱生命时，他感觉受到了莫大的鼓励。

并不是所有人都需要这样的鼓励，但我们总会有处理不擅长的事情，应对不自如的场景，想要退缩的时刻。这时，这句"咒语"或许对你也有效。

在《向前一步》里，谢丽尔·桑德伯格写下了一句触动了无数年轻人的感悟："当感觉不到自信时，我告诉你一个窍门，就是要假装自信。"因为这句话，一位刚生完孩子、身材走形、气色不好的职场妈妈，决心接受领导的邀请，担任公司年会主持人。

当真的站在年会舞台上，她再度紧张起来，于是在心里默念几遍：不自信的时候要假装自信。后来她完美接过了主持棒，还被老板点赞：以后的主持工作都归你了！

> 行动指南：
>
> 当你想要退缩时，默念几遍"假装我很擅长"。

忘记"性格"这个坑

求职面试，跨部门合作，商务谈判，晋升评估，团队管理……在今天的职场和社会语境下，很多事情似乎非常依赖人的个性。开朗、活泼、自信已经成了一个年轻人成长的必要条件。

既然如此，不如用"假装"突破原生性格的局限，从容地去做任何对成长有帮助的事情。

1994 年，布鲁斯·奇岑加入了 Adobe 公司。他想效仿一位天性热爱与人打交道的导师，热情地跟所有人打招呼。但他发现，自己并不是天生就会做这些事情。

不过，他还是努力做到了：尝试着记住人们的名字；当在电梯里遇到一个人的时候，主动向他问个好，闲聊几句；不厌其烦地和新同事共进午餐，让自己参与到对自己来说没那么自然的沟通中。

尝试培养这种人际关系对布鲁斯来说并不容易，但他努力做到了。幸运的是，随着时间的推移，做这些事情慢慢变得自然起来。布鲁斯觉得，他在 Adobe 的成功，有一部分功劳要记在这些更具社交性的活动上。在他晋升 CEO 之前，公司创始人让他负责产品开发，对于只有销售和营销背景的人来说，这是很不寻常的。创始人的理由是，布鲁斯愿意与工程负责人以及他们团队的开发人员对话，工程负责人都很尊重他。

你看，成功的人都是一步步被打磨成成功的样子的。那些天生不那么享受或擅长与人打交道的人，因为强迫自己去实践，同样取得了不俗的成就。

我的合伙人 Ella 有一次和一位资深大厂 HR 聊天，那位 HR 讲了这样一个观点：职场里最厉害的其实是'变异'过的人。什么意思呢？你天生的性格可能是内向的，但你为了做成一些事，刻意变成了一个外向的人，到最后，可能你外向型、内向型的性格都不是很明显。你完全摒弃了自己的原生性格，长出了很多原本不具备的性格面向，做成了很多原本做不到的事情。

这个过程注定是痛苦的，但就像一台车上路，一旦跨过最费劲的启动部分，后面一定会越来越省力。

前面说到我穿破洞裤、染头发，假装自己痞酷痞酷的。然后，我还强迫自己在学校见到谁都主动打招呼，每次进宿舍都和所有人打招呼，去隔壁宿舍串门，碰到外系同学都要来一句："哈喽同学，你是哪个专业的？"

一开始真的超级累，一旦没人看见我，我就泄劲了，大口喘气。不过后来我发现了一个规律：人和人之间的互动模式是有惯性的。你第一次和一个人互动的方式是兴奋的，下次见面也就本能地兴奋起来了。与此同时，我们大多数人的日常交际圈又是固定的。久而久之，你在那个固定群体里的互动方式真的就被调成了兴奋的模式。

再后来，我意识到，做一个真正外向的人也没什么复杂的，该打招呼就打招呼，该主动握手就主动握手。到研三的时候，我开始创业了，招募了一群高校学生会主席做兼职员工，组织大家在北大草坪团建，给大家讲公司战略，鼓励大家谈业务时脸皮厚一点，吃闭门羹也没关系……我已经忘了自己是一个内向的人。

到研究生毕业时，我甚至比大部分同学都开朗，我说自己内向，反而被吐槽：你要是内向的人，那世界上就没有外向的人了。

> 行动指南：
>
> 在成长这个终极目标面前，忘记性格吧。

心里很焦虑，手上不能停

《哈佛商业评论》在 2016 年刊登过一个与领导力相关的案例故事。

当拉迪卡·道格（Radhika Duggal）接任新任职公司市场部主管的时候，她有一点惊慌。虽然自己有领导团队的经验，但这次不同，她接手团队时，4 个下属都已经在公司待了一段时间，他们比拉迪卡更了解这个公司。

为了给自己打气，拉迪卡告诉自己：我有合适的技能和专业知识。当她抛开情绪层面的困扰，静下心来分析局势时，她也慢慢找回了自信：她有好几家世界顶级公司工作的经历，她了解新工作的内容，知道如何把工作做好，也有做这份新工作必需的直接经验。

拉迪卡接下来的行动对我们很有启发。她回想起自己过去的老板和其他非常自信的榜样，然后把她想要仿效的领导技巧做成清单，一项项对照着做。比如：与下属坦诚相处，开会时有技巧地搞定一屋子的人，在公众场合昂首挺胸，用手势、语调的变化吸引大家的注意力。

我想起自己在两年多以前的一段相似经历。就像前面说的，我骨子里是内向型性格，外界对我的认知和评价也多是战略型、思考型CEO。然而命运不会按照让我们一直舒服的样子去设计。2018年前后，我开始带拉勾的销售团队。

我完全不知道怎么和公司的上百名销售同事沟通，平时跟他们对话，我都有点接不上茬。但我不想被看作新手，于是我就想象一个优秀的销售主管应该是什么样的，然后模仿。慢慢地，我就没那么痛苦了。最开始我都不知道怎么和销售同事对话，看到他们很兴奋的状态就敬而远之，后来居然把团队带得还可以，团队流失率创了"新低"。

在商业界，假装其实是一条很早就盖棺定论的方法论。哈佛商学院教授埃米·卡迪是这样说的：如果你想要成功，一个最有效的方法就是，装作自己是这样的人。

欧洲工商管理学院教授、《逆向管理：先行动后思考》的作者埃米尼亚·伊贝拉给出了更具体的建议：集中注意力观察那些你向往岗位上的人的所作所为——怎么做、怎么说和怎么穿，然后仿效他们，把他们行为的点点滴滴改造成适合自己的方法。

面对挑战，慌张、惶恐、焦虑都是人之常情，但无论如何，你的行动不要停下来。想要成长，就不要等，假装你可以，然后迅速抛开情绪层面的干扰，直面问题。

比如沟通。直到今天，我依然不会闲聊。回到生活中，我依然是一个木讷、不爱讲话的人，但只要到了正式场合，我会突然像着了魔一样，能量满满，笑容满面，我成了一个很会出于自己目的聊天的人。为什么强调"出于自己目的"呢？与我们成长息息相关的那些沟通，面试、谈判、融资对接，其本质都是带有明确目的的一种观点输出。你只有真正理解对方的需求，然后有策略地给到对方想要的东西，让别人认可你，才能换取自己想要的东西。假装开朗或者动用一点社交技巧都只是敲门砖，你的知识储备、逻辑能力、见识、对人际关系的理解甚至底层认知才是真正决定成败的因素。

比如面试。研究生刚毕业那段时间，我参加的面试没有通不过的。这背后的原因不仅仅是我假装笑容满面，能量满满，更本质的原因是我有之前在联想HR部门实习的经历。我很清楚面试官想要什么，每个面试问题都是怎么设计的，考验的是什么，怎么才能最好地展现出自己就是面试官要选的那个人。

我还会做充足的准备。我一直觉得，如果你紧张，那一定是因为你没有做足准备，你没有足够的话题储备，可以跟面试官聊起来。我知道对方的需求，我的准备无比充分，这才有了一场场开心愉快又能达成自己目的的聊天。

> 行动指南：
> 假装你可以，然后迅速抛开情绪干扰，回归解决问题本身。

结语

大概六七年前，有一本名为《假装心理学》的成功励志类著作。这本书将"假装"解释为一种艺术，一门深奥的学问，利用心理学的一些原理、效应和方法等，去迷惑、诱导对方，让你在与人交往或博弈的过程中大获全胜。而回归到我分享"假装"的出发点，我只是想，在我们年轻的时候，不应该被天然的弱势性格或内外在的人设、标准、定义等限制了成长。无论是给自己壮胆的外在模仿、为自己打气的内在鼓励，还是实现目标的破冰一步，在人生这条机遇和挑战并存的漫漫旅途中，我们都可以让假装这盏"应急灯"保持常亮。

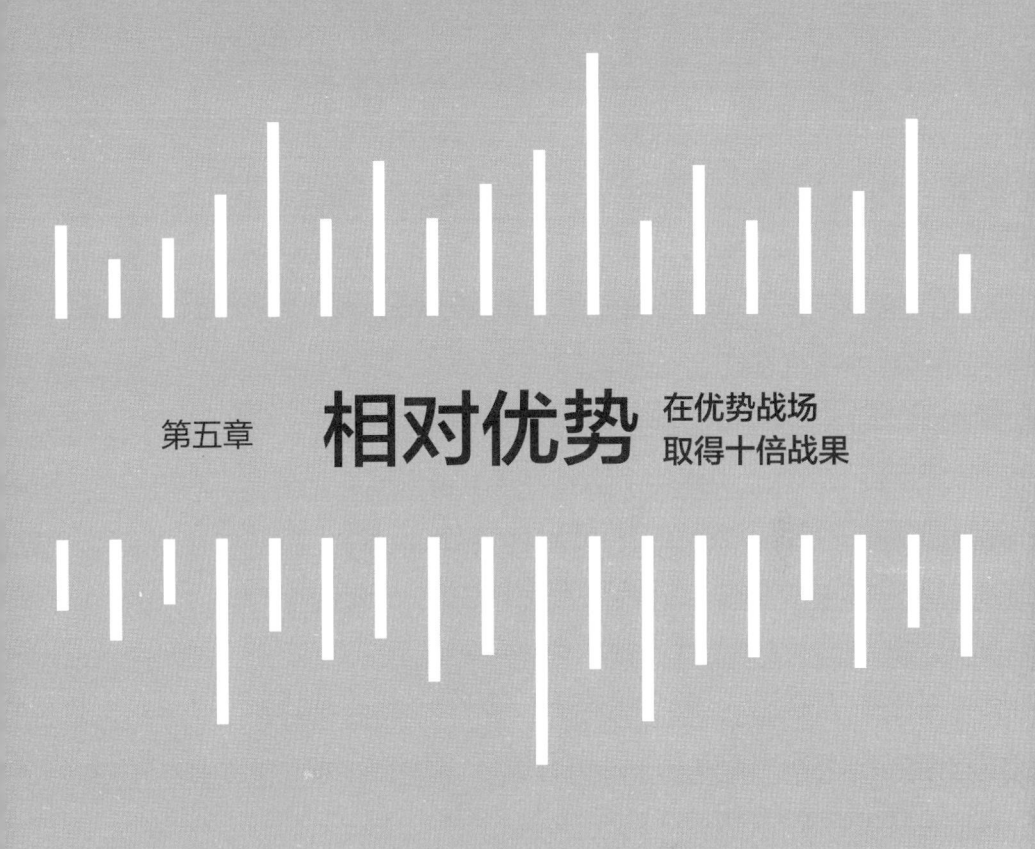

第五章 **相对优势** 在优势战场
取得十倍战果

2008 年，我刚入职一家证券公司做行业分析师。摆在我面前的有两个研究方向：传媒和互联网。

公司想说服我研究传媒行业。当时传媒行业如日中天，A 股上市的传媒公司是公司重要的业务方向。但我坚决不做传媒，而是笃定选择研究互联网。当时互联网还不被主流社会认可，互联网上市公司也寥寥无几，但我认定互联网浪潮会来，那么与其在众星云集的领域里成为普通分析师，不如在一个小众但前途广阔的领域成为头部分析师。

大约一年半之后，苹果手机 iPhone 3GS 进入中国发售，互联网站上了浪潮之巅，而当时全中国范围内专注于做互联网行业研究的投资分析师可能不超过三个人。于是，我，一个被公司"打入冷宫"的分析师，居然同时被中国顶级基金公司和证券公司看中。

选一条少有人走的路，然后越走越开阔，抱持着这样的想法，后来我又做了无数次类似的选择。我也慢慢发现，像我这样铆足了劲把自己打造成某个领域独特的、不可替代的人其实是少数。这是我分享"相对优势"的初衷：在今天这个自我认同、优势成长、长板理论层出不穷的年代，我们并不缺乏对发挥优势重要性的认知，我们缺的是把这种认知与特定场景下的无形竞争对应起来，用相对优势指导自己做决策、制定策略，更精巧地取胜。

成长中的竞争是不可避免的，并且竞争无处不在，小到一封周报邮件、一场面试问答、一场晋升评选，大到事业方向的选择和人生规划。我没有机会一对一给很多人做职业规划，如果只能提供一条建议，我想应该是找到你自己最独特、最不可替代的优势，然后拼尽全力放大它。

把成长想象成一个通关游戏，每过一关都会迎来新的对手。相对优势中的"相对"二字就意味着，无论对方实力如何，无论战场一开始被设定在何处，你总可以寻得自己相对于竞争对手的优势所在，把竞争转移到具备相对优势的战场，创造有相对优势的竞争维度，利用差异化竞争创造更大的赢面。

比如：假如相比之下对方的水平实在差很多，你靠装备就可以直接取胜；假如对方的技能水平跟自己差不多，你就得琢磨自己在攻击或防守方面的差异化优势；假如对方一看就是装备党，你必须从策略上就规避装备上的比拼，把战场转移到另一个自己具有相对优势的地带。

对于普通人来说，相对优势最友好的地方在于它强大的策略性及其带来的更大赢面。刨除出身、背景、智商那些"靠天吃饭"的影响因素，普通人完全可以利用职场定价、优势成长理论甚至物理界的基本规律，更聪明、更实用、更快速地发掘和利用自己的相对优势。下面我把如何挖掘和利用相对优势总结成四种方法，它们对应着一个年轻人"赢"的不同场景，有职业规划，有面试问答，有日常工作，有困境突破……这些方法综合起来，或许能够助你更好地应对有形无形的竞争，最终用一场场小胜利拼凑出人生的大胜利。

用相对优势做决策

在职场，我们可以大致将一个人的价值等同于他的不可替代性，不可替代的程度越高，价值就越大，就能在越大的范围内占据赢面。可以用于培育不可替代性的因素有很多：超乎常人的天赋、含着金汤匙一般的家世背景、万里挑一的学历……

其中，有一种方式，可以帮助我们绕开那些先天注定的因素：选择一个当下小众但前景广阔的行业，思考这个行业未来最稀缺的技能或资源是什么，然后"笨鸟先飞"。当你进入一个全新的赛道，你大概会有两三年的时间窗口，在这两三年里快速培养自己在这个行业将来需要的稀缺技能，就相当于为自己储值。这是利用时间的不可逆转性做赌注：人的时间和精力都是有限的，在某一个领域花时间，就失去了在其他领域加强自己的机会。

就像我在开头说的，2008年的金融行业，传媒领域的分析师可以说是众星云集，如果我选择传媒作为深度分析和长期追踪的对象领域，那就意味着我需要与大量资历比我老到、经验比我丰富的分析师的竞争。与此同时，虽然互联网当时还是小众领域，但在腾讯战略部任职的那一年多时间里，我作为局内人目睹了中国网民数量首次跃居全球第一，身边的朋友和同学每天玩QQ空间，"偷瓜偷菜"不亦乐乎，腾讯的股价一直涨，阿里巴巴也即将在香港上市。我也看到了在投资大佬流水席上，投资行业从业者们对互联网的兴趣与日俱增。种种一手体验和亲身观察都让我认定，互联网在未来一定会成长为一个体量巨大的行业。至于这股浪潮究竟什么时候会来，我不知道。我当时的判断是，少则三年，多则五年。

抱着"笨鸟先飞"的心态，我下定决心，坐三年冷板凳也好，五年不涨薪也罢，我都要等，等到互联网终成气候的那一天，即使一大波华尔街金融精英分析师一夜之间涌入这个行业，我也已经深耕至少三年了，精英们再聪明总要再花一两年才能赶上我。

当一个全新的行业出现时，先行者这个身份本身会赋予你巨大的相对优势，与你的学历、背景、智商甚至努力程度都无关。"笨鸟先飞",这是一个不需要太大投入,回报却超级丰厚的主动制造相对优势的策略。巴菲特的投资伙伴、当代投资大师查理·芒格在《穷查理宝典》中将之称为冲浪模型:冲浪者顺利冲上浪尖,并停留在那里,就能够冲很长很长一段时间。而"笨鸟先飞"策略奏效的前提是,你具备精准定位未来的视野和见识。这一点在芒格对于冲浪模型的后半句阐述中体现无疑:"如果他没冲上去,他就会被海浪吞没。"

那么,究竟如何精准定位一个具备前瞻性的行业?我的建议是,你最好对这个领域有亲身感受,你看过大量行业分析报告,你跟很厉害的师长或见识广博的朋友交流过这个行业的未来,最终通过各路信息汇总综合判断出这个行业大概是有前景的——我们很难精确判断未来的事情,但总可以通过一些分析思考来大致判断。

坦白讲,对于一个出身贫寒的26岁年轻人来说,放弃时下火热的传媒行业、选择冷门的互联网领域是一个非常难的抉择,这意味着在未来三年里,我都不会成为一个有名气的分析师,我写的分析报告没有很多人看,我拿不到任何奖金——在金融行业,奖金才是薪酬的大头。但初入金融行业我就发现,这个行业里做分析的人清一色都是哈佛、耶鲁等全球顶级商学院出来的,这种紧迫感和危机感逼迫着我提前规划自己的相对优势。

从提前规划相对优势到摘下先行者相对优势的好果子,其间还有漫长的筹备期、蛰伏期和持续的极度努力。回头看很多成就超出常人者，他们并不只有正确的方向指引，更关键的是接下来他们很简单的、本能地遵循了一条成功的基本规律：专注。

在第三章里，我提过我在腾讯工作时，一位职业技术师范院校毕业的室友同事被CTO跨级写邮件表扬、半年涨薪两次的故事。这位同事的故事没有停留在那封点赞邮件上。一天，他找我咨询职业规划问题，原来他想转行，正准备跳槽。我很理解他，当时腾讯已经快速成长为一家互联网头部企业，但他做的是运维，属于技术岗里比较基础的工种，看起来的确没什么发展空间，换个行业，跳个槽，好歹工资能涨一涨。

但以我对他的了解，他是一个心思比较单纯的人，贸然跳槽出去容易吃亏。所以我给他的职业规划建议是：第一，坚定走专业技术路线；第二，找到自己在服务器专业领域不可替代的点。我对他说："我不懂技术，但我懂互联网，全中国服务器最多的公司目前来说就是腾讯，在这里，你有机会管理中国最大体量的服务器集群。这会成为你身上最独特的经验，成为你不可替代的价值，它与你聪明与否、工作年限长短、经验丰富与否都没有关系。未来某天，当其他互联网大厂想招聘操盘过巨量服务器的专家时，你就是那个为数不多的招募对象。但前提是，你要从眼下技术含量低的运维转岗到技术含量高的服务器、云计算相关管理。"

在我的建议下，这位同事真的沉下了心，准备转岗服务器和云计算相关管理。大公司内部转岗并不容易，当事人不仅要耐心地等待合适的职位空缺，还要有足够扎实的业绩和口碑来过面试关。而这两点，我的同事都具备。他之前太努力了，一周有两三天睡在办公室，又有 CTO 点赞邮件背书，人又很单纯，他很顺利地转了岗。到了 2013 年，服务器上云的技术趋势爆发，阿里巴巴开始为旗下阿里云业务大规模招募高级人才，这位同事很顺利地被挖了过去。

越是极端，越是与众不同，越有可能到达顶端。我这位同事"阿甘式"的极端坚持看似简单，其实这种定力很不简单。

> 行动指南：
> 认准一个暂时小众但未来市场前景广阔的行业，早早入局，给自己创造主场优势。

把生命中的"点"连起来

回顾一下，我们在什么时候会被"相对优势"这四个字灵魂拷问？面试可能是一个高频场景。当面试官面带微笑看着你说"说说吧，你的优势是什么"时，大多数年轻人可能都会词穷：

我就是一个普通家庭出身、普通大学毕业的普通青年，我也没什么特别的优势。

的确，大部分人在刚工作的前几年里，可能真的不会有什么所谓的相对优势，但我们多少知道面试官期待听到什么。盖洛普咨询公司前董事长唐纳德·克里夫顿的"优势识别器"理论归纳了一个人可能具有的 34 种优势：适应能力、分析能力、统筹能力、沟通能力、专注力、创意能力……这些名词总是出现在公司的面试评分表里。难点在于，如何将这些抽象名词与我们自身对应起来。

我的建议是，先问自己：我有哪些跟这个职位或机会直接相关的独特经历？从这些经历里面可以总结出哪些独属于我自己的优势？一个人的成长经历一定是最独特的。当你耐着性子一件件地梳理、归纳，有意识地总结、提炼自己的思想、行动或经历本身的闪光点时，你就会发现一条清晰的相对优势指向。

比如你没有大厂工作经历，但你曾经在一个创业团队直接向老板汇报，那你的眼界和格局大概率比大厂的普通员工高；你背景普通但目标感很强，你工作的主动性就会比一般人强；你总能在网上跟陌生人聊得很开心，这就证明你的沟通能力不错；你擅长帮助同学搭论文框架，你的战略思考能力就强；你性格内向但热爱独立工作，那也很好，《哈佛商业评论》有文章指出"专注的能力是当今世界的一个竞争优势"；你善于给朋友推荐各种有意思的小物品，那更好了，宜家创始人英格瓦·坎普拉就是因从小给乡亲们推销商品而发现自己的相对优势的。

实际上，很多优秀公司在招聘的时候都非常看重候选人的成长经历，除了工作或项目经历，他们同样关注应聘者是一个什么性格秉性的人。说实话，大部分人都没那么珍视自己的经历。所以我们总是在偶尔被迫回头看的时候，才发现自己原来做过那么多事情，那些明明已经显露无遗的个人特质，以及一件件看似孤立的事情之间的奇妙联系。

在斯坦福大学 2005 年毕业典礼演讲中，苹果公司创始人史蒂夫·乔布斯讲的第一个故事就是"把生命中的点连起来"，这是贯穿乔布斯一生的重要思想。乔布斯在念大学的时候主动选择辍学，但他没有离开学校，而是又待了一年多，只学自己喜欢的课程。这期间，有一门书法课让他知道了各种美妙字体和字母组合、版面设计的存在，其中蕴含的美、历史意味和艺术精妙之处让他陶醉。回忆这段经历时乔布斯说，如果他没有上那门课，苹果初代计算机里就不会有那么多种字形及间距安排合理的字体。

像乔布斯这样的人当然是少数，但乔布斯的故事确实可以帮助每一个人重新看待自己的经历：把生命的点连起来，你亲手完成的事情，你颇以为豪的体验，你乐此不疲的兴趣，你独一无二的天赋……在你还没有开始职业积累的时候，这些经历背后的结晶就构成了你的相对优势基本盘。

一份独特的经历，甚至可以直接帮你争取到本不属于你的机会。我至今都觉得我拿到腾讯的 offer 是一段非常奇妙的经历。当时我的简历并没有通过筛选，但我大着胆子去"霸王笔"。来到考场门口，我发现已经有一堆人排队"霸王笔"，但都被拦着不让进，我就跑到最前面跟笔试官说："我是芙蓉姐姐的经纪人。"芙蓉姐姐是那个年代互联网圈的网红人物，在一群毕业生里面，认识芙蓉姐姐就是懂互联网的标志。那位笔试官也很机灵，假装等我很久的样子说："啊，我记得你的名字，你的座位一直空着，打你电话也一直打不通，快进去吧！"我就这样拿到了腾讯的笔试机会。

如今回想，这一切的起源，其实是我在北大读研时的一段创业经历。如果没有那场创业，我不会和芙蓉姐姐打交道，也就不可能拿到腾讯的笔试机会，不可能进入腾讯。从过往经历中挖掘相对优势，把这些独特的点一一连起来，这应该成为贯穿我们整个人生的自我探索方式，甚至帮助我们在零基础跨行这一劣势战场找到破局点。

早些年知乎有个热门提问：在传统行业工作三年，无互联网经验，怎么转型做互联网？的确，这时即便你做好了跳槽的心理准备，你也会发现你所能发挥的相对优势少得可怜。幸运的是，互联网行业的特殊结构和相对优势迁移的弹性空间为我们提供了突破口。我的合伙人 Ella 就给出了一套解决方案。

举个例子，小 A 在某传统幼教机构做了三年老师，从未接触过互联网，这时看似小 A 去任何互联网公司都很难，但小 A 三年的一线幼教经历其实是有价值的，这让她非常懂小朋友和家长的心理，好好利用这段经历，去 K12 互联网在线教育平台做客服或运营还是有机会的。当小 A 在 K12 互联网公司做了一段时间后，她就可以脱离幼教的身份，平行跳到成人教育或知识付费平台了，这时小 A 的世界已经完全打开了，她的下一步就可能触及美团这种级别的互联网上市公司，而一个美团运营跳槽去腾讯，就显得理所应当了。

今天 90 后、00 后年轻朋友的经历一定比我们 80 后一代更加丰富多彩，你们理应有更多可以拿来"开箱展示"的宝藏经历。希望你珍视自己的经历，挖掘出一条深深的经历护城河，把自己送上更高远、更宽阔的成长舞台。

行动指南：

珍视你的经历，从经历中挖掘相对优势。

不做冠军，做唯一

前几年风靡全球的"一万小时定律"固然很燃很励志，却也让很多人望而却步。但假如我说，只要加一个限定词，在这个限定词里投入 100 小时，你就能超过 90% 的人，是不是轻松多了？

这就是相对优势中"相对"二字的魅力所在：只要你的目标不是世界冠军，你就不需要跟全世界竞争，你只要在一个限定的范围内做到比身边大多数人好一点点，你就已经具备相对优势了。

假设你所在的团队共有 10 名成员，你比其他人每天多工作 1 小时，开会发言质量高 10%，业绩水平高 10%，写作水平强 10%⋯⋯在上级眼里，你就比另外 9 名成员更优秀。当上级考虑提拔人选的时候，大概率会优先考虑你。实际上，你可能只比其他人优秀 10%，只比其他人多付出了 10% 的努力。

这也是我一直想分享的观点：人的投入和产出并不成正比，10 倍的成就并不是 10 倍的努力换来的，可能只需要 1.2 倍的努力。倘若你持之以恒地保持 1.2 倍的努力，久而久之，你就可以靠这多一点点的相对优势，不断脱颖而出。

我的合伙人 Ella 有一位工程师朋友，在阿里工作了 12 年。前段时间，Ella 和她聊天得知，这位朋友正在认真地考虑退休，并且已经在为退休做计划。她的相对优势在于，她是工程师里面会写作的。我相信她一开始根本不需要在写作方面有多么深厚的造诣——她只要比大部分工程师的写作水平高10%就够了。在多年后，她甚至能利用这10%的相对优势累积形成的时间复利效应，最终实现职业自由。

而当你对自己比别人多一点点的相对优势有了感觉和判断后，你要迅速把这个点撑大，撑出一条坚不可摧的优势护城河。

前面说到我为了做互联网领域的分析师，甘愿坐几年冷板凳。在这期间我又有了新的思考：在金融行业，我是半路出家的"土鳖"，等到互联网真正爆发，我的竞争对手瞬间就会变成那些出身、背景、学历、专业知识都要比我强很多的耶鲁、哈佛商学院毕业的海归精英。在他们面前，我自认为我资质愚钝，再恶补金融知识也徒劳无益。

那"土鳖"有没有相对优势呢？有，接地气。"土鳖"每天用QQ空间，每天"种菜偷菜"，跟中国互联网圈叫得上名号的公司高管都有交集。那我就赌那些天天待在美国华尔街的精英不如我懂产品和用户体验，没有我这么丰富的互联网圈高层人脉。后来，我真的没有花太多精力去补金融方面的课，而是把更多精力花在体验互联网产品和行业人脉经营方面，把接地气和人脉优势转换成优质信息优势，再把信息优势变成我在金融行业不可替代的相对优势。

> 行动指南：
>
> 当你把手头的每件事都做得比别人好一点点时，你已经具备相对优势了，然后有意识地撑大那些让你尝到甜头的点。

把"二向箔"投向对的战场

多年前，刘慈欣去杭州参加一场科幻笔会。其中一个讨论议题是：如何毁灭一座城市。刘慈欣的想法是：把三维的西湖风景二维化，降维成一幅二维的水墨山水图；然后再一维化，变成一根细细的杭州丝。

这个创意完美地呈现在了刘慈欣后来的著名作品《三体》里：直接引爆了"降维打击"这个宇宙级战争的终极形态——把对手碾压在一个非平行的竞争维度中，使得对手没有任何还击之力；甚至还带火了"二向箔"这个用于降维攻击的虚拟武器——让整个银河系的三维空间迅速汹涌流入二向箔，直至塌缩成二维平面。

这就是降维打击的精彩之处：以己之强，攻敌之短。在战争中创造一个自己具有相对优势的全新维度，对竞争对手形成碾压之势。

2009年，新浪推出"新浪微博"内测版，迅速在互联网圈火了起来。当时我的工作是互联网分析，于是抱着体验产品的心态下载了微博，积极地写东西。但当时传统媒体还如日中天，微博上广为传播的内容大部分都是记者发的。与记者相比，我并不具备传播渠道上的优势。于是我开始思考：如果我和记者就同一公司的新闻事件发表动态，我有什么相对优势？我的答案是：深度信息优势。记者的职业要求他们广泛涉猎，而不是深度钻研。相比之下，我是专业的金融机构分析师，我随时可以约上市公司CEO、CFO（首席财务官）、各部门VP（副总裁）聊战略、财务、业务，我能拿到国际投行对这家公司的详细财务模型分析。也就是说，我掌握了记者或自媒体人没有的一线信息和深度研究资料，这构成了我在信息维度的相对优势，而优质信息获取是优质内容创作的源头。

于是，我调整了自己发微博的策略，只分析互联网行业，只写专业观点，有行业一线消息，也有深度分析观点解读。只用了一年左右的时间，我就获得了很多互联网公司CEO的关注，包括沈南鹏、江南春、徐小平这些互联网创投圈顶级大佬。信息领域的降维打击策略奏效了，我获得了微博爆发早期的巨大流量红利。

查理·芒格的投资合伙人李录在自己投资生涯的早期有一次陷入职业低潮的经历，他向芒格请教。芒格的一席话点醒了李录：他所遇到的问题几乎就是华尔街的问题，整个华尔街的思维方式都有问题。虽然芒格和巴菲特合伙经营的伯克希尔公司已经这么成功，但在华尔街却找不到任何一家真正模仿它的公司。因为即使投资机构本身有着重重限制，但为了留住并吸引到更多投资者，绝大部分机构投资者也无法改变现行模式。这就给自由投资者创造了一个绝好的竞争维度：公司结构。在芒格的指导下，李录对公司进行了彻底改组，将其完全改成早期巴菲特和芒格合伙人公司的结构，去除了典型对冲基金的所有弊端。后来公司业绩表现良好。

利用降维打击制造相对优势的思考逻辑有时会带来一种假象，这种假象令我们陶醉于降维打击的快感，却忘记了把自己的"二向箔"投向正确的目的地。创办3W咖啡的早期，我们三个联合创始人都是做互联网出身，都认为自己掌握了更先进的生产力，做咖啡店只是小事一桩。但是等到真去做的时候，两年就亏了600万元，最难的时候房东威胁我们要断电，物业要断水，下个月的房租都要交不起了。

那段时间，我经常找一位非常有智慧的3W投资人请教。那位投资人问我："你觉得3W是什么？"我说："3W是互联网咖啡馆。""那3W最重要的是互联网还是咖啡？"我琢磨半天，3W首先应该是咖啡馆，其次才是以互联网为主题的咖啡馆。"那你们就要遵循咖啡馆的商业逻辑。"

我恍然大悟。每种生意都有自己的 know-how（专有技术），咖啡馆生意的 know-how 一定掌握在有丰富对口经验的专业人才手里，是他们数十年摸索积累与经验总结的成果，这是我们不熟悉的。我们三个联合创始人追求的都是互联网和创业，比如网速要快、桌椅搭配要适合使用电脑办公、每个桌子下面都要有电源接口……其实客人花 20 多元钱点的是一杯咖啡，偏偏那时候我们的咖啡不好喝，服务员也不会笑，服务行业该有的，我们都没有。于是我们转换策略，招募了一位在星巴克工作过的资深人士接管 3W 咖啡的运营，然后我们三个去做自己擅长的互联网产品和市场运营。这才有了今天的拉勾。

降维打击是一种创造相对优势的高级思路，同时记得时刻提醒自己，看看自己的"二向箔"有没有被投掷到对的战场上。

> 行动指南：
> 即使没有主场优势，你也能通过创造一个有相对优势的全新竞争维度来取胜。

结语

无论是面对寥寥可数的几次规划职业未来的机会、人生成长旅途中的自我优势探索、平凡工作日常中的自我要求，还是在一个全新领域、全新维度进行立足和发展，寻找和规划自己的相对优势都是一切的原点。

成长中，每一场胜利的源头，都是我们对自己相对优势的极致挖掘和利用。无论做什么事情，首先问自己：凭什么是我做？我做这件事跟别人做有什么不同？我能拿出什么样的差异化成果？当你能够把相对优势内化为自己做任何事情的潜意识时，你不再需要把这四个字挂在嘴上，而只需要一场场胜利的实践。

第六章 长期主义

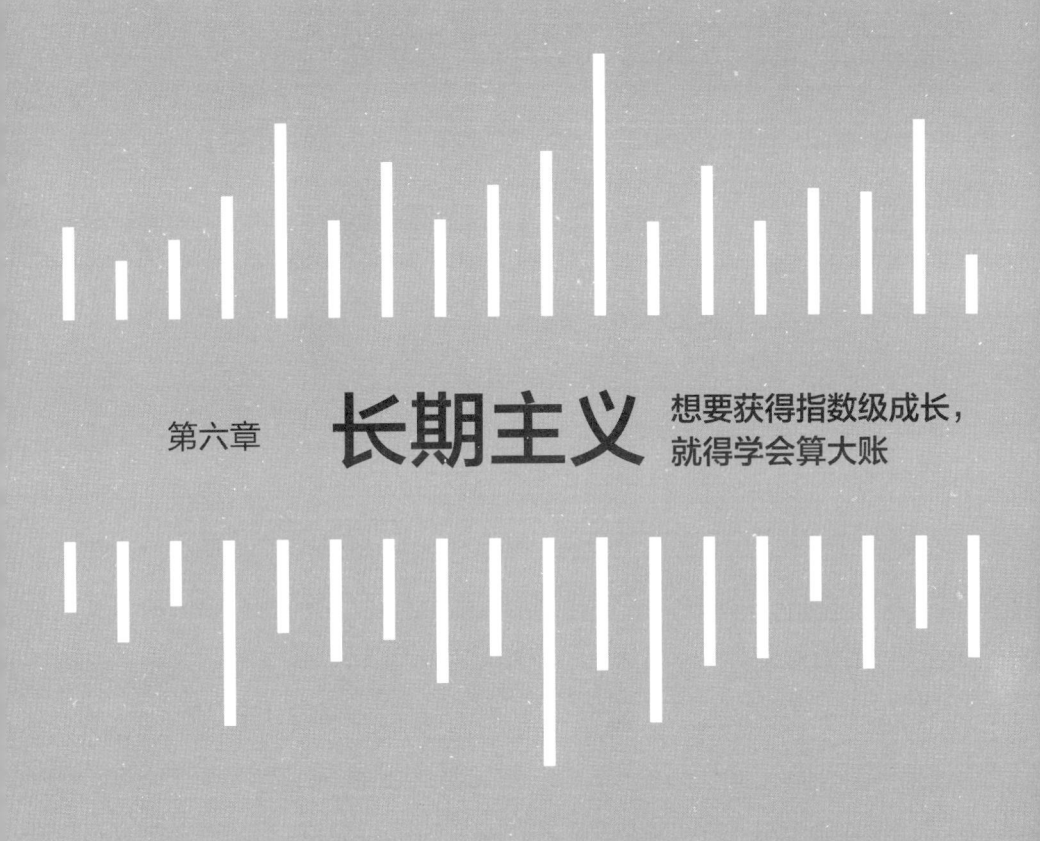

想要获得指数级成长，就得学会算大账

2020年9月的一个周末，我去杭州开会。结束后，我和几位年轻的同事一起吃饭。席间，几个年轻人聊起早年各自北漂生活中的"觉醒时刻"。其中一位90后东北姑娘讲的话让我印象深刻："我在北京日夜奋斗，总归是要买套房的，那北京有这么多房子，凭什么不能有我的一套？"

这的确是一个相当扎心又非常现实的灵魂拷问。类似的问题其实还有很多：我现在20多岁，在人才济济的大城市里只能扮演一颗螺丝钉的角色，但我能不能在35岁的时候，成为一名站得住脚的企业中高层管理者？我能不能为退休的父母谋得体面舒适的晚年生活？我的孩子能不能上私立幼儿园？这些问题或早或晚都会落到绝大多数选择留在一线城市打拼的年轻人肩上，而当你开始认真思考这些问题的时候，你已经在逼迫自己为长远谋划了。

所有的焦虑都是蜕变的机遇。就像这位东北姑娘，自从有了在北京买房的想法，她就开始认真算账：假设北京五环的房价为每平方米 6 万元，一套面积 70 平方米的房子总价不低于 400 万元，首付不低于 150 万元。假设她现在年薪 20 万元，每年最多能攒 5 万元，如果保持目前的工作状态，就算以后每年正常涨薪 20%，买房也遥遥无期。这最终促使她做出了一个艰难的决定：减薪转岗，从零起步，做收入弹性更大的销售岗位。今天，她在北京已经有了属于自己的房子。

这些焦虑、野心和赤裸裸但真实的欲望，是我对一个年轻人应该要践行长期主义的注解。提及长期主义，我们会习惯性地把它跟目光长远、有耐心、长线思维、做时间的朋友此类很难产生实际指导作用的人生大道理联系起来，但在我看来，做一个长期主义者实际上就是把野心再放大一点，把账算得更长远一点而已。

只有当你把视线放到一个更长的时间维度里，去算更大、更长远的账，你才会发现那些潜藏在未来的"定时炸弹式"问题，才会当下就想办法积累让自己未来更值钱的能力，选择让自己未来更值钱的方向，把对未来的焦虑转化为敦促自己看长期、算大账的意识和行动。

2020 年春节过后，我集中面试了不少 30~40 岁年龄段的总监和 VP 级别的高管候选人，我发现他们中的绝大部分在过去的数次职业选择中都曾经为了短期好处而做出过不符合长期价值的选择。对他们来说，历史已经发生，后悔已经来不及了。把"算小账不如算大账"的真相通过活生生的故事和案例阐释出来，这是我作为一个陪伴年轻人职业成长的企业创始人，分享长期主义最简单的出发点。

相比 70 后、80 后一代，今天 95 后、00 后年轻人的焦虑系数正在呈现上升的趋势。《三十而已》是 2020 年热播的一部电视剧，剧中几位主角的年龄焦虑、职场焦虑、成长焦虑引发了无数同龄人共鸣。有意思的是，拉勾的调研结果显示，我们有很多 24~25 岁的用户对这个话题也有兴趣，他们也会隐隐好奇 30 岁的自己是什么样子，也会对自己到时候会不会面临重大选择有一种天然的焦虑。

既然焦虑迟早会来，那么越早越好。回想我自己的成长生涯，作为在安徽农村长大的 80 后一代，我从小被父母灌输的思想是要出人头地，这个朴素的信念支撑着我在早期的职业选择中毫不犹豫选了长期价值。后来，我创办了 3W 咖啡，到 2021 年已经是第 10 个年头了，拉勾也从 A 轮融资走到了 D 轮融资。在这个过程中，我也目睹了我的创业伙伴们一路上的挣扎与收获，希望你能从这些真实的故事中找到对自己行之有效的"成长算法"，尽早为自己规划一个踏实的、灿烂的、开阔的未来。

如何选指数级增长的工作

在自己工作的城市里拥有属于自己的一套房、一台车、未来能给子女提供相对优质的教育、为父母提供体面的退休生活……绝大多数情况下，对于一个没有背景、没有人脉、没有资源、在一线城市独自打拼的年轻人来说，只靠每年普涨10%~20%的收入，这些目标几乎是不可能实现的。如果你意识到所有的财富增长问题在客观上都需要长时间才能慢慢消解，那么最基础的解决方案就是拉长战线，给自己足够多的耐心和时间，选择一条在收入上具备指数级增长空间的职业发展路径。

那么，如何判断一份工作的收入是否具备指数级增长潜力呢？看"单位时间价值"。如果你的收入增长是靠出卖自己的能力换来的，你的单位时间价值就可以随着你的能力增长而增长，长期来看就有指数级增长空间。反之，如果你的收入增长是靠出卖时间换来的，你的单位时间价值没有变化，你的收入就没有指数级增长空间，因为一天只有24个小时，你再努力，收入天花板也很低。

于是，关键问题就转换成了：如何提升我的单位时间价值？为了更好地回答这个问题，我想先分享一个名为"训练浓度"的概念。训练浓度衡量的是你在工作中获得的训练是不是充分的、核心的、有密度的、能够让能力高效提升的，也就是看这份工作相对于其他工作选项，在相同时间里给你提供的训练机会和强度有多少。

在长期目标的指引下，很多升职加薪是不值得追求的，因为这些眼前的短期利益只是让你陷在一个发展缓慢的平台浪费青春。如果你刚毕业不久，那么在求职时丝毫不要考虑第一份工作的薪资，而要花时间仔细衡量工作背后的训练浓度。如果这份工作能够充分给予你训练浓度和历练能力的机会，即使薪资不高，你也应该选择它，因为这份工作本身就是一块能量巨大的垫脚石，能够让你在下一份工作中拿到可观的薪资——第二份工作的薪资通常就是第一份工作训练浓度的反馈。职业经理人的薪资差异往往在两三年后拉开，互联网行业的薪资涨幅差距甚至可以在6~10年间达到上百万元。

做出理性的、符合长期主义的选择，永远从细碎的、具体的、赤裸裸的算账开始。毕竟，在没有真正算过账的情况下，大多数人都是用摆在眼前的收入数字对比来挑选工作的。

我的表弟本来16岁初中毕业后就打算跟同乡一起进城打工。但我拦下了他，我强烈建议他去做销售，虽然当时做销售的底薪只有不到1 000元，而工厂给他开的月薪是2 000元。我这样给表弟算账。首先，销售岗虽然底薪低，但增长空间是巨大的。其次，销售分to C（对个人）和to B（对企业）两种，在商场做导购是to C，卖软件给企业是to B。to C 销售卖的是时间，你今天不出现在商场柜台，就卖不出一件商品，而to B销售卖的是能力，只要你有能力取得企业客户的信任，你就可以推荐更多产品，持续产生收入，完成收入和时间投入的脱钩，最终实现收入的指数级增长。

考虑到几乎所有to B销售岗位都对应聘者学历有硬性要求的现实情况，我建议表弟从to C销售做起，顺便锻炼人际沟通能力，只不过一定要把成为to B销售当作长期目标。他的确这样做了，后来他做过家具城销售，做过灯泡、瓜子、衣服生意，应聘过饭店的大堂经理，充分地锻炼了待人接物的能力，做到了不卑不亢。后来，凭借相对应届生求职者的经验优势，他成功入职一家太阳能公司，开始接触to B销售工作。又过了两年，他已经是这家公司的销售冠军，年薪突破10万元，那是2009年，他才19岁。

是我表弟比别人更聪明吗？肯定不是。他只是看见了我给他算的这笔长期账。如果不去算长期账，一个没有社会阅历或商业经验的年轻人进了城，很可能会选择没有成长空间的稳定职位，而不是选择低薪起步但更有成长空间的销售职位。

个人的事业发展如此，企业的营收增长也是如此。就在大众对亚马逊创始人贝佐斯的长期主义情怀津津乐道的时候，《贝佐斯的数字帝国：亚马逊如何实现指数级增长》指出了这家公司践行长期主义的本质：亚马逊打造的是平台，构建的是生态，提供的是基础设施服务，这些都是需要巨大持续投入、固定成本极高、边际成本极低的业务,如果只看短期结果,财报不会好看,但只要把时间轴拉长到 10 年,不仅回报巨大,而且能把公司推进收入指数级增长的轨道。

> **行动指南:**
>
> 主动算大账,把自己推进收入指数级增长的轨道。

要避免"35 岁危机",你该怎么做

疫情肆虐的 2020 年,我注意到拉勾的后台大数据显示,有越来越多 35 岁左右的资深职场人士的职业状态从"在职"变成了"看机会"或"求职",并且他们找到工作花费的时间远比 20 多岁的年轻人要长。过去这一年多时间里,我也面试了很多总监和 VP 级的候选人,他们的个人状态大多是充满焦虑的。

频繁跳槽是这些候选人的共同特征。他们中的大多数不到两年就跳槽一次,然后由于能力没有到位,可能一年就做不下去了,于是又跳槽,最终体现在简历上的结果就是每隔一两年就跳槽,稳定度不高。如果这是一位 20 多岁的求职者,并不会产生很大的影响,但如果这是一位 32 岁以上的求职者,应聘的又是一家公司的高级职位,仅仅在面试这一关就会面临巨大的障碍。

其中的逻辑不难理解：企业招聘总监级以上人才，通常会十分看重候选人履历的稳定性。如果一位候选人的简历显示10年换了5家以上的公司，企业就会打问号：假如这个候选人最后入职我们公司，是不是也会不到2年就离职？高级职位频繁流动给公司带来的损失一定比基层员工流动要大，那还是不要请他做总监了。我自己在面试中与候选人沟通的时候，也能感受到他们中的大多数相当后悔当年只盯着涨薪，太轻易就做出跳槽的决定，如今只能亡羊补牢。

过去这几年，"35岁危机"成了一个群体性的社会现象。在我看来，35岁危机的本质是35岁的"高级职位危机"。而危机爆发的本质原因是个人能力供给的增长没有匹配上职位和薪酬需求的增长，通俗点说就是企业不愿意"花大钱买小兵"：当你是一线员工的时候，你的产出不高，工资也相对低，你的性价比还算高；但是随着年龄增长，你会要求升职加薪，这时如果你无法同步给公司带来产出或效益上的增长，那么你大概率会在职位和薪酬匹配上遇到困难，相较于那些积累了同样训练浓度但年纪更小、开价更低、更能拼的竞争者，你的性价比是低的。

举个例子，某公司以月薪4万元招聘一位总监，目前有两位候选人：候选人A的年龄是35岁，上一份工作月薪4.5万元；候选人B的年龄是32岁，上一份工作月薪3万元。在其他因素相同的情况下，最终的结果大概率是候选人 B 被录用，因为 B 的价值与成本的比值更高，企业雇用 B 的投入产出比更高。从现实层面考虑，那些年龄多为 32 岁上下的中层管理者也普遍不太愿意管理比自己年纪大的下属。

冰冻三尺，非一日之寒。人生每个特定阶段的状态和问题，都是前面所有经历长期积累的结果。我的妹妹马上要 30 岁了，我给她算过一笔账：你到目前为止还没有什么算得上明确的相对优势，但是你过两三年大概率要生娃，如果你不能在生娃之前变成一个很厉害的行业专家，当你休完产假回到公司或者重新找工作时，职场上不会给你留下什么好位置。大部分人遭遇 35 岁危机的根源都来自年轻时单纯追求当下涨薪，不知不觉就给未来埋下了很多隐患。如何破局？选对行业后，在职业选择和日常工作中都尽可能培养自己高层次发展的能力，主动提升训练浓度。

到了 35 岁的时候，我有能力成为一个站得住脚的中高级人才吗？我能拿到自己心仪的 offer 吗？我能在职场乃至人生舞台上掌握主动权吗？当你开始提出这样长时间跨度的问题时，你就不会允许自己为了涨一点点薪水而轻易跳槽，放弃宝贵的简历竞争力，你也不会允许自己放弃走出舒适区、提升训练浓度的机会。你当下所有的选择和行动，都是为 35 岁的目标做准备。

> 行动指南：
>
> 到 35 岁的时候，我能不能拿到想要的 offer？

人不盯着远方，就会盯着眼前

我在大约 35 岁的时候明白了一个道理：人不盯着远方，就会盯着眼前，于是一城一池的损失都很让人痛苦。当一个人缺少长期判断，对于事物没有兴趣时，他才会特别在意职位头衔、称呼和眼前的收入高低。尽早确定一个明确的、长远的职业目标，能够帮你把眼睛放到地平线的更远处，做出长期来看价值最大化的选择，而不那么计较当下的得失。

我至今记得自己做分析师"命运大逆转"的那一天。当时我跟自己正在服务的国内顶级基金公司客户一起坐飞机出差。起飞前，我接到一通电话，是一家国内顶级证券公司打来的，想挖我过去。刚挂电话，邻座的客户问我："你要跳槽？"我说："是啊。"他说："你先跟我聊一下吧，看能不能过来。"那一刻堪称我的人生小巅峰：我一个三流证券研究员，居然得到了中国顶级证券公司和顶级基金公司的邀请。

但同时我也面临抉择——证券公司比基金公司开出的薪酬

多 50%。对一个 27 岁的北漂年轻人来说，那是一笔不小的数目。我最尊敬的师兄前辈也建议我去证券公司，因为证券分析师可以不断发报告，而基金分析师的报告都是对内的，无法打造公众层面的知名度。

好在那时，我对自己的长期职业目标已经想得很清楚了，我想成为中国顶级分析师。于是问题就变成了：究竟是做证券分析还是基金分析能更好地帮我实现目标？深度了解之后，我发现证券分析师的核心工作分成两部分：做行业研究和客户服务，而基金分析师可以一门心思做行业研究，还能调动证券分析师帮自己完成行业研究中的基础部分。相比之下，证券分析师只有 50% 的深度研究时间，基金分析师则拥有 150% 的深度研究时间。于是我选择了研究效率更高的基金公司。那时那刻，我没有因为放弃高薪和高知名度而感觉痛苦，这在很大程度上是因为我很清楚自己在分析师这个职业领域想要达到的终极状态，所以我才能坦然选择短期收益少但长期价值大的工作。

《贫穷的本质：我们为什么摆脱不了贫穷》一书中有这样一条建议："要想摆脱贫穷，首要的步骤就是对长期目标进行思考，并习惯为此做出一些短期的牺牲。"人是寻求意义的动物。你选了一条更难的路，并且心甘情愿为此在未来很长一段时间里负重前行，前提一定是你很清楚这件事情的意义所在。设定一个长期目标，就是当你不得不放弃短期利益时，给自己的选择寻找一个意义。

尽早为自己设定一个长期目标，并不意味着一定要牺牲短期利益，而是要把实现长期目标看作面临任何选择时的唯一评判标准。即使暂时还没有一个非常明确的长期职业规划或人生目标，也请你起码相信你自己未来会成为一个很优秀的人，会有一个理想的人生，如此，你便有了选择远方的勇气，然后只顾风雨兼程。

> 行动指南：
> 一个明确的长远目标，是对抗眼前好处的最强武器。

借高手算账

3W 咖啡刚起步的那半年里，联合创始人 Ella 一度非常焦虑，这种焦虑来自她在创业前后工作状态的对比。她觉得自己在做一个普通上班族的时候，每天都能学到很多东西：如何做项目管理，如何把 Excel 表格做得更好，如何做选题……她能实实在在看到自己的技能提升。但自从做了 3W 咖啡之后，就没有任何人教她任何技能或方法，她也感觉自己没有学到任何东西。

有一次，她找到 3W 咖啡的另外一位联合创始人马德龙，聊自己的困惑。马德龙和 Ella 一样，都是从 3W 最初搞众筹的热热闹闹的人群里"剩"下来的，我们仨组成了 3W 咖啡的创始班底。听完 Ella 的吐槽，马德龙当时淡淡地说了一句："你不觉得你现在能够处理的事情比以前更多了吗？"Ella 当时并没有认同，但马德龙的灵魂拷问还是把她从自我质疑中"打捞"了出来。

如今回头看，Ella 非常清楚从 0 到 1 经营 3W 咖啡这段经历对自己的价值："你每天很痛苦地处理各种不确定的事情，强迫自己调动所有激情去面对，这个被打磨的过程会让你的能力发生质变。就像爬珠穆朗玛峰，从起点到大本营的简单路线走 1 000 次，对登顶也是毫无帮助的，只有在最后的冲刺路上有所历练，你才会发生质变。"

的确，看一本书，学一门课，考一份证书，掌握一门技能，这些努力和收获可以给人获得感，而获得感会带来安全感。但往往这个层面的提高无法带来一个人能力的本质提升，就像德国总理安吉拉·默克尔 2019 年在哈佛大学毕业典礼上说的："作为德国总理，我经常要问自己，我做对了吗？我这么做是因为它是对的，还是仅仅因为方便做成？这也是你需要问自己的问题。"很多时候，坚持和动摇只在一念之间。我相信，做 3W 咖啡这段经历的价值感其实一直埋在 Ella 心里，她只是偶尔需要来自外界的认同。而获得认同最简单直接的方式就是，主动制造回馈，说出自己的困惑。

自然界的成长、人的成长、企业的成长都存在基本规律，婴儿的成长是有规律的，农民都知道什么时候该施肥，什么时候该掐顶。但人往往不知道什么时候应该做什么，都是撞得头破血流之后才去找那些见效更慢但更触及问题本质的解决方案。所以，当你看不到长期价值的时候，不要急于放弃，去找到比自己眼光更长远的人，借高手之眼，把长期账算明白。

2017 年拉勾遇到了发展中的一道坎。当时外界以为我们是因为市场竞争而遇到问题，我自己也一度以为如此，于是拼命抓业务，甚至撸起袖子自己上，但没用。随着业务层面的压力越来越大，我被迫更加专注业务，结果却更加惨烈。那时我已经大概意识到问题的本质出在组织上，但对企业管理者而言，诊断组织问题比抓业务要难得多。做业务可以打胜仗，但做组织是练内功，没有那么多胜仗可打，见效没有那么快，甚至会在组织改革刚开始的一段时期造成效率下滑。在市场竞争和投资人压力面前，打仗显然是更容易的选择，从激烈的战场后退去建立长期组织能力，实在是一个极其需要魄力的决策。

庆幸的是，那时我已经在湖畔大学上课一段时间了。湖畔大学是帮助企业管理者树立组织管理意识的最佳土壤，我至今记得上课第一天马云对全班同学说的话:"我希望湖畔同学在一起的时候更多聊聊组织、聊聊人。"耳濡目染之下,我很早就意识到组织的重要性,于是逼迫自己看相关书籍,学习专业的组织管理课程,积极参与湖畔大学工作坊,向工作人员、老师、专家一对一请教。从 2018 年到 2020 年,拉勾的组织管理初步过了关,我们全新的职场教育业务能很快做起来,我认为这是组织的力量。一个 CEO 只有在愿意沉下心做管理的时候,才算合格的长期主义者,这是湖畔大学教给我的最重要的一课。如果没有湖畔大学的土壤,没有那些组织管理相关的学习和请教,靠自己撞南墙撞出组织管理的意识,是很难的。

> **行动指南:**
> 超出自己认知范围的账,就请高手帮自己算明白吧。

做看不到结果的事

一位朋友曾经跟我分享过一句话:一个人能活到什么样的高度,取决于做了多少看不到结果的事情。的确,一说到算账,很多人脑海里浮现出来的度量单位似乎只有物质回报,但这个世界上偏偏就有很多短期算不出回报的"糊涂账"。

我们所处的时代整体是很浮躁、很功利的，当一个人还很普通的时候，他就希望做的每件事情在当时当刻都能看得见结果，哪有做"看不到结果"的事情的余力啊。但是，没有光阴是虚度的，不一样的经历终归是有价值的。相信经历的价值，可以帮助你把注意力从看不见的结果，转移到看得见的日拱一卒，去关注经验的积累、能力的切实提升。

前面我说过，3W咖啡在早期有段时间濒临倒闭。那段最艰难的时间里，Ella有位在互联网大厂任职高管的朋友找她聊天，看她有没有兴趣跳槽过去。Ella当时的回复是："即使这家公司最后真的会倒，我也要等到我去工商局拿到它的'死亡证明'那一天，才会彻底死心。在这之前，我都要继续努力。"有价值的经历比结果更宝贵，这后来成了Ella的人生信条。

一个人在遇到挑战、处理各种复杂问题、面临现实诱惑的时候，还要拼命稳住整个盘子，这个过程是很痛苦的，同时也能让人最快速地成长，你没有办法把拿到多少钱跟拥有这样一段经历相提并论。但是，在这个过程中，你通常是感知不到成长的，这也是成长最反人性的地方，如果你一开始就知道自己在成长，你必然就能坚持下去。了解这个反人性的事实本身，或许能够帮助你再多坚持一点点。

一家公司能走到什么高度，同样在很大程度上取决于做了多少看不到结果的事情。3W 咖啡早期有一个体量相当的竞争对手，对方很擅于炒作话题，包装出一批 70 岁老爷爷、14 岁高中生创业的故事，媒体趋之若鹜。但我们认为，服务创业者的核心只有两条：第一，看哪些创业者有成功的潜质；第二，为这些创业者提供更多价值。于是我们就只服务"三高"人群——学历高、工作能力高、团队素质高。但这些人还在奋斗过程中，没有吸引眼球的故事，媒体没有兴趣报道。于是我每天都劝 3W 咖啡的小伙伴们不要跟风，扎实做创业服务，也许半年、一年落后于别人，但四五年后，我们会脱颖而出的。

但无论如何，媒体、舆论都是有力量的，友商又做了很多宣传包装，动辄请电视、报纸来采访、录节目，并且就在 3W 咖啡的同一条街上。那段时间，我极其痛苦和煎熬，但痛苦归痛苦，每天还是坚定做对创业者有价值的服务。3W 咖啡做到今天，我认为在创造价值这件事上没有走偏。

2018 年，百度前总裁陆奇告别光鲜的职业经理人身份，投身创投服务。当时他所有的中国朋友几乎都反对，陆奇后来在一场采访中这样表达了自己当时做决定的出发点："一件值得去做、长期有价值的事，不被人理解是必然的。如果被所有人理解，你肯定做不大，因为所有人都想做一样的事情，那他们将全是你的竞争对手。"因为相信，所以做大多数人不理解的事情，所以创造有价值的经历，所以坚守商业价值的本质……这一切最终会将我们推向更高更远的地方。

> 行动指南：
> 总有一些你今天算不明白的账，无论如何去经历吧，有价值的经历终究会带来回报。

结语

算账，算大账，算长期账，这是一种你需要时刻提醒自己向内审视的意识。回顾过去 10 年的创业历程，我自己最大的反思就是花了太多时间去做当时认为重要，其实并不重要的事情。践行长期主义似乎离不开舍弃、抉择、负重前行，其实还有一条隐秘的思路：热爱。

我在湖畔大学上课的时候，马云经常一下飞机就偷偷过来，溜到教室后排旁听。我相信他是真的热爱教育，真的希望中国的企业家们可以少走弯路，才会如此上心。我自己呢，在人生的前面 20 多年里，总觉得自己很不幸。后来，我进入了梦寐以求的行业，做了喜欢的工作——深度思考、与智者交流、探究事物的规律和本质，我突然就觉得自己很幸运、很快乐，每获得一点新知识、新启发都欣喜若狂，除了睡觉几乎都在工作，乐此不疲地长久做着自己喜欢的事情。找到令你着迷、甘愿为之全力以赴的事情，一边坚持长期主义，一边感受长期快乐，这或许是成为一名长期主义者最迷人的一面。

第七章 换位思考

想满足自己,
先满足别人

我的早期求职经历是比较有意思的。我本科念的是信息与计算科学专业，研究生学的却是印度文学专业，所以我的简历看起来很奇怪。研究生毕业那年，我投了简历给几乎所有的咨询公司，结果一个面试通知都没收到。那段时间，我所在的北大毕业生 QQ 群里每天都有同学晒 offer，相比之下我却连一封求职信都没得到回复，内心很焦虑，甚至有点绝望，心想："找工作怎么这么难啊！"唯一比较幸运的是，只要得到面试的机会，我基本上都能拿到 offer。

　　后来我发现，今天很多年轻的求职者往往从简历看上去很优秀，但面试的通过率不高。在积累了不少面试者和面试官两种视角的经验之后，我发现大部分人对面试的理解是模糊和片面的。在很多求职者看来，面试就是回答问题——面试官问什么，我就答什么。实际上，面试并不等于回答问题。从面试官的角度来看，他并不是要找一个回答问题的人，而是找一个符合岗位需求的人，只有满足了面试官的真正诉求，你才能得到想要的工作。

每件事情的背后都存在一个目标对象。面试就是一个典型场景，你拿到了 offer，看似是你自己争取来的，其实是你满足了面试官的招聘诉求；你完成了销售业绩，看似老板高兴了，其实是因为有客户愿意购买你的产品；你晋升成功了，是因为上级觉得你值得；你考上了大学，其实是大学决定录取你；你谈恋爱，是你的伴侣选择跟你谈的；连你参加高考，都有出题老师这个目标对象。

所谓的成长，看似是自己努力的结果，但再往深一层看，其实是我们的努力对目标对象产生了好结果，然后对方给我们反馈了一个好结果。这一规律也解释了为什么我们过往的种种努力，有些产生了好结果，有些没有产生好结果——后者大概率是因为你的努力没有给那个正确的目标对象产生好结果。也就是说，一个人的成长，其实外部才是决定性因素。

为了满足自己，必先满足他人，这是获得好结果的前提，也是我对换位思考的定义。你可能会觉得，换位思考实在是一个老生常谈的概念，但这里我所分享的换位思考，并不是要说服你设身处地为他人着想。《自私的基因》一书告诉我们，我们都只是基因的载体，即使我们有这样那样的利他行为，但最后的本质都是利己的。

我眼里的换位思考，出发点同样是利己的，想满足自己，先满足他人。这里的"他人"通常还是一个非常明确具体的目标对象，而每一个好结果的诞生，都离不开对目标对象的充分揣摩和充足准备，面试、职业考试、项目提案、工作汇报、商务谈判、与重要人物聊天……只要涉及与人的交互，就没有一个细节是随意的。

想满足自己，先满足他人，这首先是一种思维意识的跨越，要改变人才市场的"卖家思维"，从用人者、上级的角度思考问题，其次才是具体方法和技巧的运用。幸运的是，我在成长很早期的时候就有了探寻目标、满足目标对象的思维意识，包括高中求学时研究高考出卷老师的出题规则，面试时研究面试官想考核什么，创业时琢磨合作伙伴到底想要什么。如今回头看，从这些经验可以总结出不少行之有效的换位思考方法论。

另一方面，当我通过创办 3W 咖啡和拉勾，把自己的职业身份转换为企业管理者之后，我发现 99% 的职场人寻找目标、满足他人的意识是相当淡薄的。为了更好地成长，我们要学会巧妙借助他人的力量，达到自己的目的。希望下面我所分享的经验能够为你提供一些换位思考的基本方法和实用工具。

把面试官聊兴奋，你就赢了

前面我说过，换位思考的本质是通过满足他人来满足自己，面试就是一个高频代表性场景。人在职场，我们多多少少都会经历各种面试，面试究竟面的是什么？面试官在考核我们哪一方面的能力？他想得到什么结果？怎样才能满足面试官的真正诉求？

在大多数人看来，面试的核心目的是向面试官展示自己的专业能力，但在我看来，面试官考核的不仅仅是表面的硬实力，还有隐性的软素质。面试本身没有客观标准，面试官不仅会判断你的专业能力是否过关，还会判断你是不是一个有潜质的人，他自己愿不愿意和你成为同事。面试不是被选拔、被考核，而是一场有来有往的聊天。你和面试官聊得特别开心，面试官自然会觉得你挺适合这个岗位，往往这样的面试就是对的。

当然，你得在面试相关的话题框架内把面试官聊兴奋，毕竟面试官肯定不会和你聊八卦，这就需要提前准备丰富的聊天素材。我本身不是性格特别开朗的人，但每次只要拿到面试机会，我都和面试官聊得很兴奋，这要归功于我在准备阶段做的大量工作。

当我接到面试通知，会马上花精力研究这家公司，下载这家公司的产品，即便已经下载了，我也会先卸载再重新下载一遍，记录下这款产品的使用体验优劣势。进一步地，我会下载这家公司的竞品，到社交平台搜索其他用户的评价，积累更多元的用户体验素材。面试的时候，我就可以以一个重度用户的身份，让面试官感觉我很懂产品、懂公司。如果你面试时很紧张，很可能是因为你准备不充分，现场没有东西可聊。

我还会准备一些我明确知道面试官会有很好的答案的问题。假设面试官是做产品的，就问贵公司的产品如何做得这么优秀；如果面试官是HR，就问贵公司的企业文化为什么口碑特别好。这背后的逻辑是，当你把话题引到面试官的优势领域，相当于你给了面试官一个自我表达的机会，面试官会很自豪地跟你分享。他感觉自己跟你讲了一个知识点，你也表现出很有收获的样子，他自然就会觉得你挺理解他、尊重他。面试不是你的自我表达，而是你让面试官充分表达。在我看来，这是面试的最高境界。

优秀的面试官永远会招比自己厉害的候选人。所以，除了问优势问题来让面试官充分表达，你最好再准备几个针对应聘公司劣势领域的问题，以此展示你的洞察力和解决问题的能力。指出对方的缺陷和不足的同时，别忘了准备好一套尽可能完善的解决方案并向面试官强调：我发现贵公司在这些方面存在优化的空间，我有以下解决问题的思路，但我现在获取的信息不充分，等我入职后了解更多信息，我的解决方案会更完善。当然，并不是每个面试官都特别容易聊得兴奋，如果面试官看起来没那么开放随和，你只问优势问题就好了。

以我这么多年的面试经验来看，绝大部分求职者没有做到这一点。看上去是轻松随意的聊天，实际上背后是充足的准备。这个画面就像鸭子凫水，我们只看到鸭子在水面上悠闲安逸地游动，但潜入水下你会发现，原来它的鸭蹼一直都在拼命地划动着，没有一刻停歇。

除了面试，把对方聊兴奋这套换位思考的方法可以用在绝大多数具有沟通性质的场合，尤其在我们试图向上建立高质量人际关系的时候。一位年轻的产品经理，因为写了一篇优质的产品分析文章，被一位优秀的投资人看到了，投资人主动邀请产品经理面谈。年轻人很珍惜这次机会，也很紧张，但珍惜归珍惜，年轻人并不知道要做些什么，结果现场两人聊了20分钟就聊不下去，尴尬地结束了这次会谈。

年轻人后来向我咨询，我是这样帮他复盘的：从你的目标出发，你之所以想和投资人聊天，是因为你觉得这是一件值得做的事情，他能帮你开眼界，而且投资了那么多公司，说不定什么时候他投资的公司需要招产品总监，如果他觉得你优秀，就可能推荐你。也就是说，让你的目标再明确、具体、落地一些，比如：希望给投资人留下一个产品专家的印象。但同时你又很年轻，专业不到哪里去，所以你还要呈现出自己是一个善于快速学习、有成长潜力的人。

那怎么让他觉得你是一个有成长潜力的产品专家呢？首先，你是产品经理，对于产品经理这个具体的岗位，尤其是你那篇文章提及的几款产品细节，投资人肯定感兴趣但没你了解得深。这是你的立足点，所以你也不用担心自己不行。

其次，针对那篇文章提及的几款产品，你可以再做一轮细致的研究和思考，确保聊天时你能输出新素材，让他感受到你的快速学习能力。

最后，这位投资人在业内知名度很高，你完全可以在领英、知乎上搜索调研他的履历和感兴趣的话题，发现自己能为对方提供的短期和长期价值，搜索他的公开演讲资料或访谈文章，从演讲里摸索他的观点、思路、投资公司的特点，这样万一聊得尴尬了，你还可以基于对他的了解抛出很多话题，让对方充分表达。

行动指南：

把面试当成一场愉快的、有目的的聊天，提前准备好丰富的聊天素材，让对方兴奋起来！

忘记对手，研究裁判

除了面试，成长的每一步都伴随着大大小小被选拔的场景，职业考试、公务员考试……想得到一个好的结果，同样离不开换位思考，琢磨出题的那一方到底想要什么。

拿我们再熟悉不过的高考举例。我相信在大多数考生眼里，考试就是考试，我就努力学习，做题，拿分，超过更多竞争者。我们把注意力聚焦在对手身上。

但是，一旦启动换位思考中最关键的目标对象意识，你会发现，你真正的"对手"并不是和你一起参加考试的考生，而是隐藏在考卷和分数背后的出题老师。如果说正向的考试思维是学习、做题、拿分，那么换位思考过后的逆向考试思维，就是拆解选拔标准、摸清出题规则。

时光倒转，回到1999年，我在老家备战高考。那时我最常看的不是《五年高考三年模拟》，而是一本专门指导高考教师如何出题的教辅杂志。那本杂志是我的法宝，为我研究高考的"逆向工程"提供了大量素材：老师出这些题到底是想选拔什么样的人才？怎么选拔？简单题和难题在分布上有什么规律？那些用来拉开差距的难题到底是怎么设计的？那时没有钱买书，我就跑到书店看，好多年的连载期刊，我一期不落，全部看完了。

对于大多数人来说，高考只有一次，但我们的职业成长之旅一定还面临其他"被"选拔的场合，晋升评选、优秀项目申报、公务员考试甚至是技能习得。比如你想做销售，你当然可以跟着一位经验丰富的销售前辈学习，同时你也可以直接充当客户，切身感受什么是好的销售，销售的哪一点能够打动你，让你觉得可信赖，让自己获得作为目标对象的亲身体感。这样一来，当你再次面对客户的时候，你已经用最直接的方式学会了设身处地地换位思考。

2015年，我受邀参加湖畔大学的招生面试。那是我印象深刻的一场面试，题目是一场限时15分钟的演讲，要求用一幅画的形式来展示"因为你世界有何不同"。每6位候选人一组，小组成员提前一周见面沟通，演讲结束后匿名互投，每人投2票，投票标准是"你未来是否愿意和他做同学"，票数最高的前两位会被录取。

也就是说，我的直接竞争对手同时也是决定我去留的裁判。这是一种比较微妙的关系。首先，你不能表现得太强势，让对手不喜欢你。于是，就在我所在小组迟迟没有人响应的时候，我习惯性站起来，组织大家线下见面，但那时那刻我没有抢风头的意思。见面的时候，小组其他成员也觉得我确实挺老实、挺真诚、话不多。

其次，到了最关键的演讲环节，你又不能表现得太弱势，让裁判觉得你无能。我很清楚大家会倾向于让一个在创造社会价值层面有着强烈使命感和价值观的人晋级，湖畔大学想培养的也是能创造更大社会价值的企业家。我想到过去几年我看到很多本来可以发展得更好、自己却不知道的年轻人的故事，想到了拉勾的使命是将优秀人才输送给企业。于是我画了一幅画（见图2），希望更多年轻人能够借助拉勾这个平台走上自己职业和人生的巅峰。那幅画在一定程度上是有感染力的，能传递出我们在做一件对年轻人有价值的事情。最后，我很幸运地成为得票数最高的前两名候选人之一。

图2 我在湖畔大学的招生面试中画的画

带着满足目标对象的意识去准备一场考试,你的答案才有可能答到点子上,你才有可能收获自己想要的晋级。

> 行动指南:
> 考试的背后也有出题老师这个目标对象,逆向研究老师的出题规则,能让你事半功倍。

3 句自问,转换视角

面试、考试、申请晋升、项目提案、商务谈判……这些都是我们经常可能面临的被选拔的场景。在这些场景中,我们需要满足的目标对象是很明确的,不外乎面试官、出题老师、上级、客户等。

但也有些时候,我们对于自己要做的事情背后的目标对象,甚至目标本身的判断都是不清晰的。假设上级向你提了一个需求,你是否理解这个需求想要满足的目标对象是谁,目标是什么。如果不事先问清楚,得到的背景信息不够充分,就会导致你对目标对象的判断不够精准,你的努力无法对这个目标对象产生结果,你自己吭哧吭哧做了,结果不是上级或老板想要的。

记得有一年中秋节，我们的设计师拿来一堆营销海报，让我选一张。我一看就崩溃了，每张海报都大同小异：一个月亮，一个月饼，一个嫦娥。我问这位设计师：这张海报是给谁看的？你希望谁转发？如果是希望拉勾的员工转发，那怎么才能让员工转发？员工看到海报的时候会对拉勾产生什么印象？如果是希望通过销售转发朋友圈让客户看到，那希望客户看到海报后产生什么效果？是跟我们续费业务呢，还是营造拉勾正能量、关怀用户的品牌形象？

后来我发现，职场中 90% 的人都是为了做事而做事。这种目标意识的缺失对公司的伤害特别大。创办 3W 咖啡之后，我在公司内部提出了一个工作方法论：目标导向三步走。

第一步，目标对象是谁？你做任何一件事情，总有一个你想要满足的目标对象，这个目标对象是谁？比如写一篇公众号文章，你希望让程序员看到，还是让产品经理看到？设计一张海报，你是希望给公司内部员工看，还是给客户看？

第二步，你希望目标对象做什么？一篇公众号文章，你希望发出去之后被程序员看到，然后呢？你需要程序员做什么？是购买课程？还是转发文章？还是什么都不用做，只需要留下一个拉勾懂他、关怀他的品牌印象？

第三步，你怎样做才能满足目标对象？到这一步，你才需要动用你的专业知识和经验，思考用什么样的语言、动作、图片、视频，传递什么样的信息，才能更好地满足你的目标对象，推动对方帮你完成这件事情。

目标导向三步走，后来成了 3W 咖啡最重要的工作方法论，写在所有同事的签名档里面。我在内部专门做过分享，落实到日常，将它演化成一套通用的工作流程表，整体分为三栏：目标对象是谁，我希望目标对象做什么，我要怎么做。产品部门每增加一项产品功能，人力资源部门每制定一项公司制度，新媒体部门每写一篇公众号文章，设计部门每做一张海报，都要先回答清楚这三个问题。

当你做的是一件需要多人协作的事情，在沟通中就更需要强化目标对象的意识。比如你作为产品经理主持一场会议，参会人员所在部门分别为市场部、销售部、研发部，你需要通过跨部门同事的支持得到你想要的结果，那么你在会议现场就要考虑到信息差的存在，你就应该从项目背景和问题开始讲起，而不是直接抛出结论。

其实我们总是大概知道对方要什么，就像你一定也大概知道老板欣赏什么样的员工。但我们很少会花时间坐下来，把模糊的目标明晰、细化、拆解，梳理出为了满足目标对象需要执行的具体行动细则，而这正是拉开最终结果差距的地方。

> 行动指南：
> 做任何一件事情之前，先问自己三个问题：我的目标对象是谁？我希望目标对象做什么？我要怎么做？

PPT 的标题就是观点

研一下学期，我在一家咨询公司的人力资源咨询部门实习。有一次，我接到任务，为一家企业客户的人力资源部门写一份绩效考核方案。那是一家国企客户，人力资源部门的同事们大多是新入职的年轻人，或从其他岗位转过来的，就连部门总监也是转岗新上任的。

于是我就想，这份方案受众的人力资源专业知识并不丰厚，同时急需解决当下面临的问题。于是我放弃了咨询行业惯用的高级词汇，用最平实的语言写，尽可能贴近客户的认知体系和实际问题。对方总监拿到这份方案后的评价是：这是我看过最容易读、最清楚的方案。这份方案后来被这位总监专门打印出来，画出重点，供整个部门传阅。

前面我分享了换位思考有两个非常重要但很容易被忽略的关键问题：目标对象是谁？目标对象要什么？回到日常工作，我们经常要输出很多文字报告：市场调研报告、项目评审报告、项目立项书。这些报告有着明确的目标对象：上级或客户。但到了执行环节，目标对象的真实诉求很可能被淹没在了我们对形式感的追求里。我的报告是不是高大上？用词是不是专业？我在上级、客户面前的表现是不是符合我的专家身份？

PPT 是很多人在工作中经常使用的一种书面报告。假如我问你，做 PPT 最核心的是什么？你的回答或许是逻辑清晰、结构完整、表达专业。我所看到的大部分 PPT 也的确如此，每一部分的小标题页清一色都是"项目简介""核心问题/主要矛盾""下一步计划"几个大字。这样设计的结果是，你就着标题页讲半天，对方也不知道你的结论到底是什么。以我的管理经验，绝大部分管理者根本不在乎汇报人的逻辑和结构，他们只想一眼看到结论。PPT 只是你用来满足目标对象的沟通工具。

《成就》一书记录了一则跟 PPT 有关的硅谷往事：在社交网站 Nextdoor 的 CEO 尼拉夫·托利亚与硅谷高管教练比尔·坎贝尔的第一次会面中，尼拉夫准备了一个 PPT，在 PPT 上放了一些丘吉尔的名言之类的东西。尼拉夫一路演示过去，直到比尔叫停了他，问："你为什么在里面放名言？你还没跟我说公司的事呢。"

比尔建议尼拉夫把名言全部删掉，只在 PPT 里说明公司现在在做什么、接下来会做什么。尼拉夫后来回忆道："那时候，我的 PPT 里 90% 是花里胡哨的东西，10% 是实打实的内容。比尔要的是 100% 的实在内容。"

我相信，所有优秀的管理者要的都是 100% 的实在内容。所以下次再做 PPT 以及任何汇报文件，我建议你也删掉一切程式化的设计和文字，让工具尽可能锋利，尽可能高效地满足报告背后的那个人，尽可能高效地满足他的诉求，从而达到自己的目的。

> 行动指南：
> 所谓的报告、方案、汇报 PPT，都只是我们用来满足目标对象的工具，尽可能保持工具的简约和力度。

别说"我以为"

上述换位思考方法的应用大多发生在沟通场合，我们通过把对方聊兴奋、研究出题规则、填写目标导向工作表、杜绝形式感来不断提醒自己注意到目标对象的存在，进而思考如何满足目标对象，最终满足自己。

其实除了这些方法，换位思考还有一个更深层次的前提：不自大。不要认为你觉得好的就是别人觉得好的，你想要的就是别人想要的。这就不只是沟通层面的换位，而是真正琢磨你的目标对象到底是什么状态，据此推导出对方在乎什么、不在乎什么，你应该做什么。

研二下学期，我创业做了一个团购性质的网站。邀请商家入驻的时候，我发现了一个事实，即使我的产品体验好、服务到位、网站流量大，也并不能说服所有商家跟我合作。于是我就琢磨每一户商家想要的到底是什么。后来我发现，每家店的经营状况不一样，推广流量层面的压力有大有小，这导致了每家店老板尝试新事物的积极性千差万别。

比如同一消费类目下面的头号玩家一般就不会有很强的动力入驻，但第二、第三名就不一样，他们会觉得自己也不差，但总比第一名差一点，就有动力去折腾。那我就找那个对入驻网站最有动力的商家。于是我就让负责商务的同学只与各个细分领域的第二、第三名去谈，绝对不碰第一名。果然，后来我们基本没有谈不下来的商家。

换位思考的目的是通过满足他人来满足自己。其中的"满足"二字执行起来并不容易，尤其是在这个对象的诉求相当模糊的情况下。2011年8月6日，3W咖啡在深圳举办开业典礼暨首届股东大会，中国互联网圈的企业家悉数到场。筹备典礼期间，我做了三件事情：第一，我知道这些企业家的时间宝贵，所以我要确保现场分享的都是真干货；第二，限定人数，确保到场的 100 多人层次对等，众星云集；第三，为这 100 多位企业家准备晚餐。

最头疼的是晚餐筹备。我找到 3W 咖啡的大股东、著名天使投资人杨向阳一起商量，最后达成了一致意见：这些人根本不在乎吃的是什么，我们提供再上乘的饭菜都没用，那还不如回归到可能让他们出乎意料的朴素东西上。杨向阳和我都是安徽人，于是我们请了安徽的面点师傅专做老家的特色饼和菜。最后，那天的晚餐是这样安排的：首先，一人发一根黄瓜；其次，一人发一个包子；最后，一人发一张饼。很有意思的是，后来现场有不少人吃完一轮觉得不够，有人举手要黄瓜，有人举手要包子。

每个人都有独一无二的成长背景和思维方式，不要轻易把自己的价值判断迁移到目标对象身上，尤其是跟自己认知维度有着极大不同的目标对象。

> 行动指南：
>
> 走出自我设定，用亲历者的经验作为目标对象诉求的第一判断依据。

结语

以上就是我自己换位思考的基本方法。把面试当成一场愉快的、有目的的聊天，让面试官聊兴奋；在生命中那些大大小小的被选拔场景中，找到那个决定你命运的"裁判"，琢磨裁判的出题规则；接到任何一个需求的时候，先问清楚目标对象是谁、目标是什么，以此倒推自己努力和行动的方向。

只有满足了目标对象，我们才能推动自己更好、更快地成长。最后，即使你忘记了前面我分享的所有方法，也请务必记住一件事：你所做的任何一件事情，背后都有一个真实的人，在你准备埋头做事之前，先仔细想想，这件事情背后的那个人是谁，他想要什么，你要如何满足他，进而满足自己。

第八章 选择 选对轨道，加速跃迁

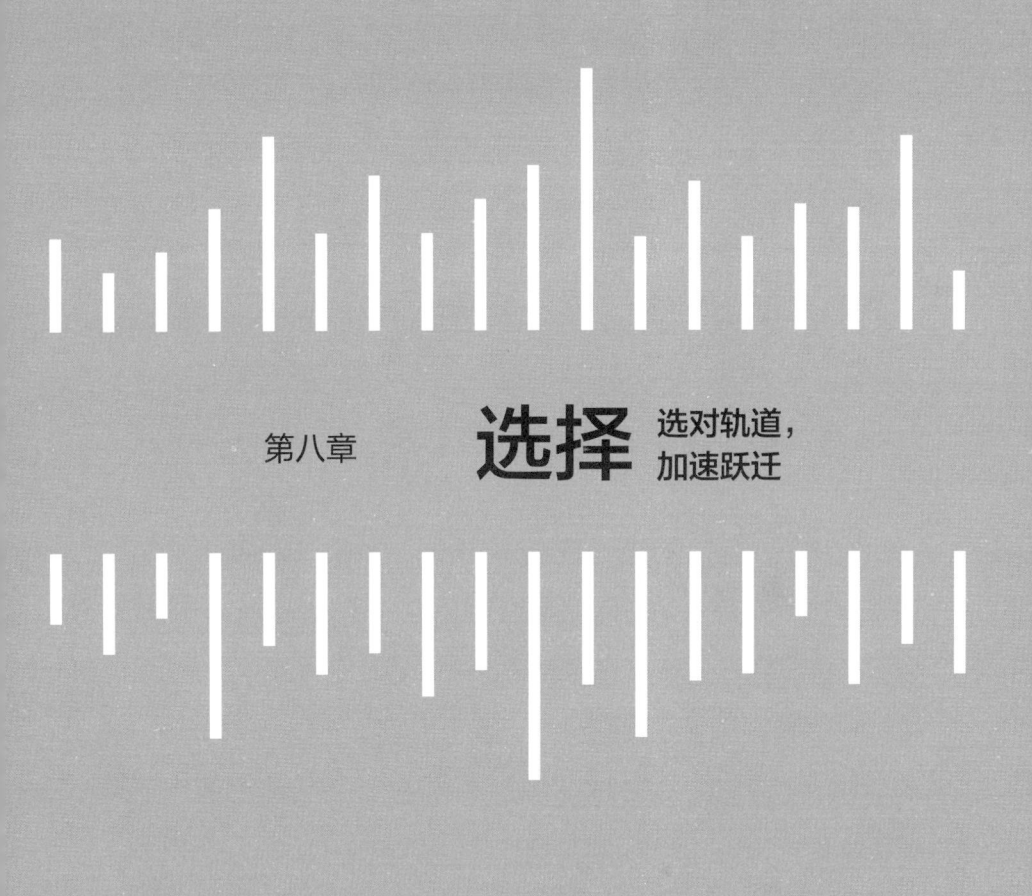

我的第一份工作offer来自国际四大会计师事务所（简称"四大"）之一德勤。拿到offer后，我们一帮被录取的幸运儿受邀到北京王府井的东方新天地参加酒会。对于一个还没毕业的大学生来说，那是无比高大上的场合，高脚杯、香槟酒、大老板主动来聊天。我的第二个offer来自腾讯。2006年的时候，对我们而言互联网公司并不是最好的选择，那时我认为世界上最好的工作就是去外企做咨询，但是在德勤工作肯定要每天处理Excel表格，体感上我不喜欢枯燥的工作。

知名外企的枯燥工作与不知名公司的创意工作，我无比纠结，跑到北大BBS的求职版面发帖"直播"我的offer选择困难症。很快有热心同学给我出主意：扔钱币。我真的去扔了，扔了之后还是无法下定决心。到了截止日期的那天晚上9点，我还在纠结，直到我看到一位同学的评论留言："如果五秒之内不回复你就真的没机会去了，去不了哪家公司你会心痛？"

我当时并不知道腾讯这份 offer 的具体工作内容，但直觉上应该不用天天处理 Excel 表，所以最后选了腾讯。当然很多人认为我做了错的选择，不去德勤这么好的世界级公司，竟然去研究什么聊天软件。当然，今天所有人都知道选择一家"坐上了火箭"的公司意味着什么。

毕业后的职业迷茫期是几乎每个大学生都会面临的。进入社会以前，大多数人基本都是奔着高考一条路走到黑，我们不需要思考和选择，但是职场上有太多选择了，而且再也没有高考那样的标准答案：我是考公务员还是去民营企业？去国企、事业单位还是民营企业？去大公司还是创业公司？会计专业毕业一定要做财务工作吗？能不能转行做运营，做产品？在传统行业待了很多年，要不要跳出来做点新的事情？……迷茫和纠结的本质是害怕选错，毕竟所有人都说选择大于努力。

的确，从更大的格局来说，人生就是无数选择的集合，成功的人生就是一连串正确选择的结果。而职业选择又是人生选择的主题之一，一个人的职业会占据一个人有意义的成年时间的 20%~60%，选择什么职业几乎决定了你会遇到什么样的朋友，过什么样的生活，拥有哪种思维方式……把职业选择的问题解决了，本身就是成长。

初出校门的时候，我也迷茫，看了很多教人做职业规划的书,书里写的大多是"问问你自己,你热爱什么,你内心的声音是什么"。我当时的想法跟大多数毕业生也差不多:我一个大四学生,哪儿知道我热爱什么,我内心的声音是什么,我甚至不知道市场上都有哪些职位,完全凭一时直觉选了互联网领域,在职业生涯一开场就"坐上了火箭",后面几次关键的职业选择也几乎都幸运地得到了贵人的指点。创业做3W咖啡和拉勾的这些年里,我也听过很多朋友的职业选择故事。在我看来,做好一个职业选择只需要做好两件事:选赛道,选座位。选择一个具备"火箭成长速度"的行业,选择这个行业里最适合你的位置。其他因素都是干扰项。

选择坐"火箭"而非"巨轮"

大约20年前,美国财政部官员谢丽尔·桑德伯格得到了时任谷歌CEO埃里克·施密特开出的offer。当时谷歌的规模还很小,没有名气,公司结构也还没理顺,谢丽尔甚至不知道自己的工作内容是什么。照着典型的MBA套路,她做了一张表格,横着列出选项,竖着列出选择标准,包括工作角色、责任级别等。她很想加入谷歌,实现为全球提供资讯渠道的使命,但从表格显示的分数来看,谷歌的工作并不被看好。

这时,施密特用手盖住她的表格,告诉她不要犯傻了,"如果有人邀请你坐上一艘火箭,你不要问上去之后坐哪儿,你只要上去就可以了"。

锁定一个具备火箭成长速度的朝阳行业,这在大多数情况下都应该是你选择职业的第一步。这背后的根本原因在于,势大于人。个体再努力也只是一个点,只有当这个点附着于一个快速崛起的经济体,这个点才具备指数级成长的土壤。选择一个正在起飞且能持续发展10年以上的行业,就相当于进入了具备"更高成长性"的赛道,能助你赢得更快的成长加速度。反之,如果不幸选择了一个增长停滞的落寞行业,你得到的训练机会是少的,你的老板的外部增长机会也是有限的,自然也就封禁了你的晋升空间,即使跳槽,预留给你的外部机会也不乐观,很可能多年努力被"回归",薪资只能勉强对抗通货膨胀和物价上涨。

回过头来看那些实现了指数级成长的人,在自己职业生涯的前10年里,他们通常会不断重复上述选择过程。于是,他们在同样的时间里取得远超普通人的成长。

讲一个我的设计师朋友小Y的故事。小Y的第一份工作是在功能机时代的摩托罗拉公司做手机设计,后来她跳到一家国际知名广告公司,做了六七年,升任管理层,薪资待遇都不错。但是到了2012年左右,小Y渐渐发现自己所在的中国区业绩一直在下滑,客户预算越来越少,客户性质越来越传统,自己的工作也越来越闲,职位和薪酬都到了天花板。

如今我们都知道，这是移动互联网的发展导致传统广告业务受到冲击，但当时很少有人能看清楚。小Y目睹过摩托罗拉的辉煌和没落，她对企业境遇的变化是敏感的。另一方面，她身边不断有朋友加入互联网公司，身价随着公司融资水涨船高。多重刺激之下，小Y在29岁那一年，终于开始认真思考未来该怎么走。

在小Y的故事中，身边朋友进入互联网行业后身价暴涨是一个重要的刺激因素。资本流向是判断行业未来趋势最直观的晴雨表。资本天生是逐利的，资本想要不断获利，就必须不断找到符合人们真实需求的新兴行业。当更多资本进入这个行业，就会形成一种快速发展的力量，这就是行业的"势"。资本已经为人才铺好路了，我们最好的行业选择就是顺着资本已经提前布局的方向，这就是所谓的"时势造英雄"。

这对我们的启发是，在下决心进入一个行业或一家公司之前，你最好定向查阅各大头部投资机构对这个行业或这家公司所在行业的调研分析报告，如果大多数投资机构在这个行业投入了很多资本，你自然可以放心大胆进入；如果投资机构对这个行业前景的判断并不乐观，你更明智的选择或许是进一步研究原因或直接换行业。另外，你还可以调研这个行业的平均工资，平均工资高的行业往往不会太差。

除了关注投资风向，还要关注大势。投资界流传一句话，

"投资投的是大势"。这个"势"不仅指行业趋势，还包括人口和经济社会发展趋势、国际形势走向等，这是所有行业发展的基本盘。这就要求我们跳出自身利益，坚持观察大趋势、机遇，对世界大势做出判断，掌握现状，横向纵向多维对比，预测趋势。你可以到国家统计局、央行检索那些反映国家宏观经济和工业制造业发展趋势的短期数据，以及反映人口和经济趋势的长期报告。结合这些数据，我们可以判断出人口老龄化、少子化的趋势，人工智能突飞猛进导致基础重复性劳动被机器替代的趋势。你还可以留心与中国发展有一定相似性的发达国家的发展情况，比如日本首都东京的城市圈正在扩大的趋势，这很可能成为未来我们的发展趋势。

回到小Y的职业选择故事。就像面对一张写得密密麻麻的电子表格无比纠结的桑德伯格一样，小Y也没能立刻下定决心放弃世界500强外企的光环，坐上移动互联网这艘目的地未知的火箭。她非常纠结，找我咨询。我是这样帮她分析的："如果移动互联网真的是趋势，那么未来需求量最大的一定是移动端的App交互设计。而且这个行业这么新，发展这么快，现在资深的交互设计师还不多，你应该让自己成为最早入局的那批人之一。"小Y接受了我的建议。她找了多家大公司去面试，没有大公司愿意给她高级管理职位，她也不愿意在做了多年管理者之后回到基层，于是退而求其次，去了一家创办没几年的中小型移动互联网公司做 App 设计负责人。

选对了行业，你未必能一口气进入头部公司的核心部门的核心岗位，但对你来说，当务之急是进入这个行业。就像有些投资人会同时投资某个赛道的所有头部公司，他们赌的不是单点，而是整个行业成长周期的收益。两年后，当小 Y 从第一家中型互联网公司跳出来时，她的职业发展路径就很宽阔了，BAT（百度、阿里巴巴、腾讯）和独角兽级别的大公司的高级设计职位随便挑，因为当时几乎所有大型互联网公司都开始发力移动端，而市面上同时有移动互联网设计和管理经验的高级人才并不太多。

选对了行业，但是万一有一天公司倒闭了怎么办？不少年轻的朋友在选择职业时向我提出过这样的困惑。我的建议通常是：行业对了，公司错了，不用怕。公司的发展和个人的成长其实没有太直接的联系，公司只是承载不同职位人才的框架。对我们来说，最重要的标签其实是职位和头衔，它们反映的是我们核心能力的类型和强弱。

只要你进入的是一个快速发展的行业，你在这个行业里积累的职位经验是最新的、稀缺的、不可替代的，就算你任职的这家公司倒闭了，也大概率会有新的头部公司挖你。

当资本流向和宏观大势指向了一个共同的结果，这个行业大概率就可以被归类为朝阳行业。如果你还能找到身边的小趋势佐证，那它几乎就是必然事件。回到我自己参加工作的第二年，那时互联网还是小众行业，但我笃定投身互联网，甚至愿意为此坐至少两年冷板凳。我的理由有三条：第一，那一年中国网民数量跃居世界第一；第二，那几年腾讯的虚拟服务商收入逐渐增加，阿里巴巴也在香港上市，知名度大涨；第三，我看到身边有越来越多人上网玩游戏、偷瓜、偷菜。

宏观报告和微观体察的叠加，让我感受到了互联网这个新兴行业正以主流社会没注意到的方式，在商业界、在民间、在用户群里快速长大。

2011年，一名28岁的软件工程师观察到一个现象：地铁上读报的人、卖报的人越来越少，年初还有一小批这样的人，到年底就几乎全部消失了。他还注意到一个数字：那一年的智能手机出货量暴增，是前面三年的总和。工程师想，这是信息传播介质的变革，手机很可能会取代纸媒，成为信息传播的最主要载体。又因为人和手机的对应关系，手机可以随身携带，这就使个性化推荐的需求一定会增加。于是这位工程师创办了一款基于个性化推荐的新闻资讯应用。他就是字节跳动的创始人张一鸣，这款应用就是今日头条。

无论是创业还是求职，快速成长和成功都离不开顺势而为。为你的职业发展寻求一股足够庞大的"势"，这应当成为你做职业选择的第一优先级。

> 行动指南：
>
> 选大势是职业选择的第一步。选大势看两点：一看资本流向，多数资本都会流向朝阳产业；二看行业平均薪酬，平均薪酬高的行业往往都不会太差。

你的心是最诚实的

我认识一位资深的财务管理者，C大哥。C大哥在传统的能源行业做了10年，然后转行进入互联网行业，工资一下子涨了很多。C大哥觉得很开心，感觉自己也挺喜欢互联网，有朝气，有冲劲，创新空间大。然而时隔半年，当我再次见到C大哥，他已经向公司提出了离职申请。原来，这半年里他对接的业务部门负责人换了好几个，他的部门也经常有下属向他提出离职。他是一个天生责任心很强的人，即使知道互联网行业人员流动率高是正常的，但每当有下属找他提离职，他还是会自责，被一种深深的挫败感包围。最后，他终于回归了传统行业，薪资没那么高，但足够安稳，不会焦虑到睡不好觉。

一个行业的发展前景和未来趋势再好，一个职位在企业组织架构中的地位再核心，对这个行业的兴趣、热情以及与个性的匹配度，才是落到每个人头上最重要的部分。传奇经理人杰克·韦尔奇在其著作《商业的本质》中提出了"命运之域"的理论。韦尔奇认为，最理想的工作应该出现在一个人擅长技能和喜欢领域的交叉点。但据我观察，大部分人在找工作和跳槽时的选择标准不外乎自己上学时擅长的学科、公司的知名度、薪资待遇、地理位置、父母的建议甚至纯粹是一时冲动，很少有人会向内探索自己究竟是否真正热爱和适合一份工作。

这会带来什么后果呢？刚毕业的时候，我们总是有很多职位类型可选，这是因为大多数公司在校招中对应届生的职业等级定位就是一线基层员工，工作本身的要求在一开始也并不高，应届生们也基本都能应付，毕竟都是经过高等教育训练出来的，思维能力和智力都不差。

但是，当进入一个确定的职业和岗位领域，我们会慢慢从新手变成熟手。当我们需要进一步向上发展的时候，个人性格特质的差异性就开始显现出来——性格特质和思维方式与职业、岗位需求更匹配的人才，就更容易在工作中做到出色，成为这个岗位的头部人才，也就更容易得到晋升的机会。

2021年初，我回北大办了一场小型职业规划交流会，与学弟学妹们现场交流他们在职业规划方面的问题与困惑。有一位同学的提问让我记忆犹新："刚毕业，大家的第一份工作内容不都差不多吗？我虽然不喜欢，但是也不讨厌。这样的工作合适吗?"针对这个问题,我的回复是:"这种思考问题的方式是失之偏颇的。的确,刚毕业时你和相同岗位的同学或同事之间没有明显的差异,但是如果你对这份工作没有热情,就很难真正用心,也就很难把工作做到出色。这时如果你的同事同学很喜欢这份工作,他们就更容易做到出色并脱颖而出。等到你意识到这一点,可能已经过去了两三年,即使决定转行做喜欢的工作,你也需要被迫付出两三年的沉没成本。"

那么,究竟如何面对"我适合什么工作"这一灵魂拷问?了解自己。科学且客观地认识自己的性格特质以及兴趣领域并不容易,我们需要诚实地面对自己、剖析自己甚至重新发现自己。不过,当我们把了解自己限定在职业匹配这个具体的目标框架中,就可以利用一些经过理论和实践检验的专业职业测评和性格类型测试工具。MBTI职业性格测试、九型人格测试、DISC性格测试、霍兰德职业兴趣测试、盖洛普优势识别器……这些都是很好的静态分析工具,帮助我们快速高效察觉自己的真实状态、性格禀赋、思维模式和舒服的人际交往方式,并据此勾勒出最适合我们的职业和岗位。

以MBTI为例,它会根据人的精力来源、获取信息的方式、决策方式、适应外界环境的习惯等,将人分成16种性格类型,每种类型对应学习、工作、沟通上的独特偏好和表现风格。当然,没有任何工具是百分之百正确和严谨的,工具本身也只是帮助我们快速了解自己最适合的职业的手段。

于我而言，更深层次地了解自己代表的是一种对自己保持好奇的生活态度，回溯我们过去二三十年的成长历程，父母、老师、朋友甚至我们自己都会对自己有很多性格评价并贴上能力标签。但每个人都有很多的层次，在念书—考试—念书—考试这样无比单一重复的场景中，我们很少有机会发现自己的能力、潜力或真实的性格特征。你可以认真回忆和挖掘自己的优势与兴趣，甚至创造更多经历，在自我的层面尽可能扩大职业选择的光圈。

在第三章，我分享了自己研究生时期的创业故事，那段经历让我重新认识了自己。我从小到大没当过班干部，却自己上网发帖，以零底薪招募了五六十个北京高校学生会主席、外联部主席，分享公司战略，培训商务技巧。我从来都以为自己是个害羞的人，没想到脑袋一热，创业吧！当然那时我的状态依然是诚惶诚恐的，但却自信了很多。如果没有这段经历，或许我这辈子的职业生涯都不会有创业这个选项。

我还听过一个故事，深受触动。一个从小在父母师长眼中内向、乖巧、少言寡语的县城女孩，在毕业求职的时候刻意避开了很多人际沟通类职业。工作几年后，一位前辈邀请她帮忙做项目，需要她在短时间内跟大量陌生人频繁沟通。那次她没有退缩，强迫自己主动进行陌生拜访，沟通合作，维护关系。事后前辈对她说:"看,你做得多棒!"女孩终于在多年后重新发现了自己,一扇更大的职业之门也从此向她打开。

了解自己擅长的技能和喜欢的领域,最终是为了跟社会上已有的职位和岗位进行匹配。这个社会上的绝大多数工作都是被设计好的,每个职位和岗位都有特别的要求。你可以到招聘平台拉取多家公司针对这一岗位的职位需求,提炼出通用的能力和思维方式模型;你还可以充分利用职业社交平台甚至泛社交平台的招聘圈子,观察那些已经在这个职位做到优秀的前辈的性格特征、思维模式和生活状态,并据此判断这与你的个人特征和生活方式是否相符。

通过多维度了解自己和精细化职位匹配,再加上对行业大势的判断,最终被你"淘"出来的工作相对来讲已经是很好的选择,可能已经超过 80% 职场人的职业选择质量了。

> 行动指南:
>
> 当你有机会进入朝阳行业,面对一个诱人的岗位,别忘了问自己,我喜欢做什么、我擅长做什么、这个岗位需要什么,然后进行匹配。

世界首富的"遗憾最小化"模型

选择就意味着风险得失。即使通过各种行业报告得到了一个新兴行业正在崛起的结论，你依然要面对巨大的不确定性。所有趋势在你能感知到的当下，都不会真正明朗到让你笃定"押"中它。

拉勾的起源，就来自一场艰难选择。2011年，我创办了3W咖啡，但当时我并没有全情投入，只是在业余时间打理。一年后，咖啡厅模式经营惨淡，到了山穷水尽的地步，我也没有探索出其他收入或业务模式。这期间，我去了一家国际对冲基金的美国总部工作，随后又有了做一家专门服务美国对冲基金的咨询公司的想法，并且很快筹备起来。

筹备创办咨询公司的过程中，我有一次回国办事，在飞回美国之前，跟3W咖啡的董事、天使投资人杨向阳见了一面。杨向阳是清华企业家协会会长，中国最著名的天使投资人之一，一位非常有家国情怀的企业界前辈。那也是改变我职业轨迹的一次对话。前辈对我说："很多人想把互联网行业的大佬们聚在一起，都没聚成，谁也没想到你一个年轻人用咖啡馆的方式把大家聚起来了，这是上帝敲了一次你的脑袋，但是你不珍惜，你去美国做金领。现在你从美国回来了，这是上帝第二次敲你的脑袋，但你告诉我你还要回去，我彻底看不起你。"

我非常尊敬杨向阳前辈，我也相信前辈做选择比我做选择的正确概率更大，但我们随后讨论了很久，都讨论不出 3W 咖啡究竟还能做什么。面临高薪职业和创造性事业的选择，我极度痛苦，那时我在 3W 咖啡是不领薪水的，除此之外还有放弃一种理想生活方式的成本，因为我当时还挺喜欢硅谷"努力生活，更努力工作"的状态。最后一刻，我很艰难地问自己：如果这辈子就这样了，会不会有点遗憾？我发现其实是会有的。那时是乔布斯个人魅力展现的巅峰期，很多人信仰活着就要改变世界，我自己也看到很多公司从 0 到 1 到上市。我觉得自己应该赌一把，于是咬着牙回国，带着 3W 咖啡转型。一年后，拉勾诞生了。

这里需要提醒大家一句，火箭有发射失败的风险，现实中流传的那些激动人心的冒险故事背后，大多都暗含着旁观者不易察觉的理性计算成分。当你决心赌一把之前，不妨为自己设计好退路，就像我放弃美国的咨询公司回国创业，其实还有一层考虑：就算我真的创业失败了，我还可以回到金融行业做互联网分析师。想好了退路，最终我愿意并且有底气去赌一把。

如何拥有坐上一艘火箭的勇气？这个问题没有唯一答案，亚马逊公司创始人贝佐斯的故事或许可以带来一重视野上的启发。1994 年，30 岁的华尔街分析师贝佐斯发现，互联网的使用量以每年 2 300% 的速度增长。这令他萌生了辞职创业的想法，但当时他在华尔街有一份待遇很好的工作，老板也极力挽留他。

贝佐斯是这样回忆的:"我把自己想象成 80 岁的模样,并思考,现在回望我的一生,我要把令人遗憾的事件数量降到最低。我知道在我 80 岁时,我不会因这次尝试而后悔,我不会后悔参与到互联网这个我认定了不起的事情中来。我知道,哪怕我失败了,我也不会遗憾,而我可能会因为没有尝试而最终后悔不已。"贝佐斯后来称之为"遗憾最小化"框架,他相信如果一个人能想象自己年满八旬,并思考"老了的我会怎么想呢?"这个问题,他就可以摆脱那些长期来看一点都不重要但短期又很难忽略的干扰因素——贝佐斯从华尔街离职创业时恰逢年中,他连年终奖都没有拿。

面对诱人选择,我们需要进行艰难的自我谈判,甚至把自己逼到假想生命终点的极端时刻。但是,咬牙前进并不是唯一的结果,放弃也是一种选择,如果它是基于你深度的自我了解和对幸福感的终极认知。讲一个我的好朋友,也是我高中同学的故事。这位同学在成都念完大学后进入某通信技术公司,从程序员一直做到了核心部门的中层管理者。另一家同行公司每年以高薪挖他,他都不动。他的理由是:他一家人在成都生活很安逸,不愿换城市;其次,他很清楚这家同行公司崇尚的是狼性文化,这是他天生无法驾驭的,于是最终选择了放弃。无论看起来多美,最终你都要回归自我,看这个职业选择是否真的适合你。

> 行动指南：
>
> 面对艰难选择，不妨问自己：如果放弃了，会不会后悔？如果接受了，会不会后悔？

结语

选赛道，选座位，我们因为面临职业选择而纠结，又因为做出正确的职业选择而实现了指数级的成长。最终，我们所做出的每一场职业选择都是一把钥匙，我们用这一把把钥匙来校正自己的人生旅途方向，最终一步步接近我们想要到达的远方。

在这长达几十年的漫长旅途中，做选择所承担的角色说大也大，说小也小。在练习并掌握一套科学的选择方法之后，不如让选择回归它本来的面貌，在机会来临的时候，准确地把握住"势"和"人"，然后把更多的时间花在自我能力提升上面。祝你好运。

第九章

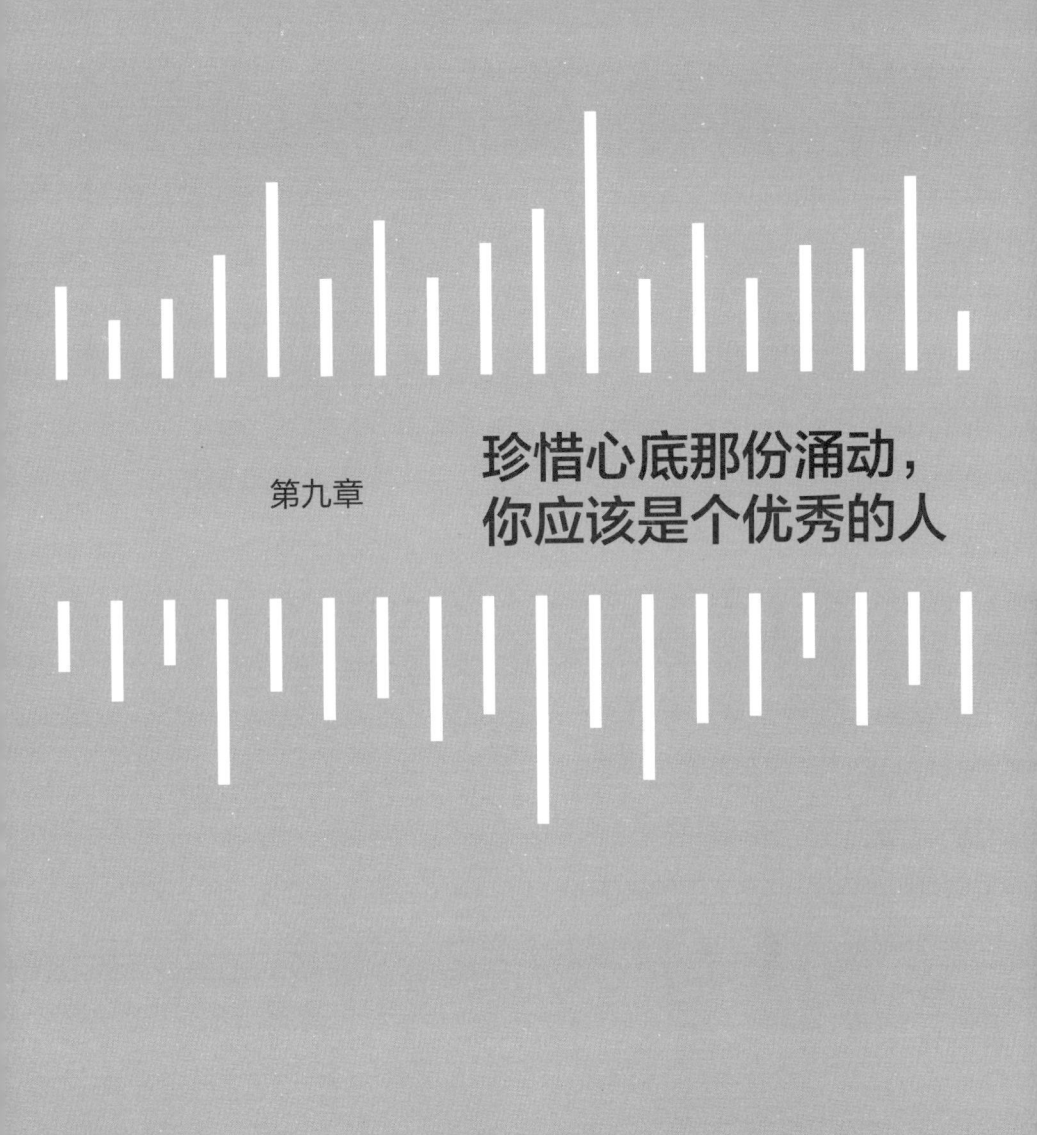

珍惜心底那份涌动,
你应该是个优秀的人

前面八章，我分享了启动指数级成长的八条方法论建议：开眼界、长见识，主动经营高质量人际关系，积极让自己被看见，利用"假装"突破性格局限走出舒适区，利用相对优势赢得一场场小胜利，看长线、算大账，换位思考以满足目标对象，选择一条具备"火箭速度"的行业赛道。最后，我还想讲两个普通人变成厉害人的"元故事"。

首先是我自己的故事。回首成长的原点，我脑海里首先浮现出来的画面不是北大，不是金融街，不是 3W 咖啡，而是很多年前那个意外的第一名。我生在安徽农村，当地的教学质量很一般，而且我自身天赋一般。我唯一幸运的地方是父亲家教很严，会严格利用每个寒暑假帮我预习备课。靠这个强大的"外挂"，我在小学阶段的成绩一直不错。然而到了初中，父亲去世，"外挂"没了，我的成绩立马一落千丈，中考时只排到班里第三四十名。就这样进入高中，我想我应该就是一个中等水平的学生而已，所以就付出中等水平的努力吧。两个月后，意外发生了：我的期中考试成绩竟然是班级第一。

事到如今，我已经不太记得自己是怎么考到第一的，只记得考试结束的第二天正好是周末，我在家听到自己考了第一的消息，第一反应不是高兴，而是惶恐：我怎么就考了第一呢？我初中成绩一直不好，也从没觉得自己是好学生，家里也没钱，我当时个子矮，又害羞，又自卑。惶恐过后，便是恐惧：这一定是运气吧？下次考试如果不能继续拿第一怎么办？这种恐惧甚至让我不敢参加后面的考试，装肚子疼跟班主任请假，但最后还是得硬着头皮去考试。

"下次还能不能考第一"的恐惧贯穿了我的整个高中生涯，我被迫在课堂上更认真听讲，提更多问题，向更多成绩优秀的同学请教，更努力地做题。如果不是那次意外的第一，如果我的成绩一直维持在三四十名的中等水平，我不会有那么大的压力和心理负担，也不会有努力维持优秀的念头。

即便曾经有一段优秀的时光，你也不能保证未来一帆风顺。高考失利是我人生中一次重要的打击。

开学 11 天后的国庆假期，我花 1 元钱买了一张纸质版的北京城市地图，顺着地图从学校走到了北大，就想看看自己心目中的理想大学到底长什么样。到了未名湖畔，我又难过地哭了，在湖边坐了好久才走回学校。在那天晚上昏黄的灯光下，我坚定了自己的下一个目标：考研到北大或清华。我从大二就开始复习，相当于比大部分考研的同学早准备了一年，最后我终于考上了北大研究生。

如果看了前面八章的内容你会知道，在北大读研究生的时光是我真正意义上 1.01 式成长的发端。那时我 20 岁出头，依然自卑，觉得自己发型土、着装土、讲话土，什么都土，但我的心里其实已经发生变化了。我开始觉得自己应该是个优秀的人，整天琢磨的不是"我是谁"，而是"我应该是谁""怎样才能让自己更优秀一点点"。我开始穿潮流帽衫，染棕红色的头发，拼命假装成一个活泼开朗的学长，创业时带着一帮学生会干部跑业务，给他们"灌输"公司战略，培训商务谈判技巧。而这一切，都源于我第一次踏进北大在未名湖畔痛哭的那天。

那时那刻，为什么我就觉得自己应该在北大、清华待着，而不是其他大学？至今我也没有找到明确的答案，但"我应该是一个优秀的人"的信念实实在在支撑着我后面的行动。这是一个人骨子里的呐喊，它需要自信，从小学开外挂式的优秀到高中拼命努力维持真优秀的过程，在我心里种下了自信的种子。正是这颗种子萌芽的力量，在我即将自我沉沦的时候，将我拉回地面。如果没有小学时父亲给的外挂，没有高中时意外的第一名，没有在恐惧中被迫努力了三年的高中时光，就不会有那个因幻想破灭在北大未名湖畔痛哭的大一学生，不会有那个拼命假装活跃在北大校友会和校园创业圈的研究生学长，不会有那个为了不丢面子而拼命研究互联网的小兄弟，不会有那个放弃年薪翻倍的 offer 后毅然选择降薪转行的金融新人，更不会有今天作为 3W 咖啡和拉勾创始人的许单单。

这便是我的 1.01 式成长"元故事"。当你合上这本书，最后如果只能带走一句话，我希望这句话是：你要相信自己应该是一个优秀的人，你要相信自己未来会成为一个优秀的人。

这个世界上真正的天才是极少的，如果你仔细研究身边那些看起来厉害的人，例如你佩服的部门领导、学长学姐、行业前辈……你大概率会发现他们中的大多数也都有着平平无奇的来路，他们只是有一股不甘平庸、不想输、就要与众不同的愿力。或早或晚，这股愿力会在他们人生的某个时刻被唤醒，支撑着他们抓住命运的拐点，体验到优秀是什么感觉，然后为了把优秀的体感保持住，更不甘平庸，更积极主动地让自己被看见，有机会与更多优秀的人建立连接，捕捉到更多发挥和扩大相对优势的场景，更愿意做长期正确的事，以及更有勇气"坐上一艘火箭"。这些启动指数级成长的微小引擎轰隆作响，在他们的成长旅途中穿插和交织，共同推动着他们的人生如飞轮般转动向前。

前面八章，我梳理总结了自己以及身边的同事和朋友们实现指数级成长的方法论，也尽可能还原了这些方法论背后的原则及其发挥作用的真实场景，当你反复体悟、实践应用，并通过刻意练习熟练掌握，你会发现成为一个优秀的人并没有那么难，但前提是：你希望如此。你希望自己是一个优秀的人，你相信自己应该是一个优秀的人。

"优秀"这两个字是有魔力的，它能激起一个人心底不停翻涌向上的美好渴求。人生中的大部分时候，我们都被时代和社会的浪潮推着往前走，只有在这些发自内心的涌动时刻，我们才会有意识地寻找自己的火花，并借由火花激发出来的能量赋予我们的成长一个初始速度，然后一步步靠近自己理想中的工作和生活状态。只有当你自觉应该是一个优秀的人，你才会想要拼命理解规律，从而利用规律，再超越规律，将自己推上成长的正向循环轨道。

我们都知道，在1983年3月那个历史性的一刻，乔布斯用一句"你想继续卖一辈子糖水还是跟我一起改变世界"让时任百事可乐公司总裁约翰·斯卡利最终点头加入苹果，其实在抛出这句撒手锏之前，乔布斯还对斯卡利说了一句："你是我见过的最优秀的人。"毫无保留的赞赏和甚至有些谄媚的溢美之词正是乔布斯对身边人施以所谓现实扭曲力场的最直观载体，我们何不将之用于自身，让自己成为唤起自我内心涌动的贵人？

创办3W咖啡和拉勾至今，我也遇到过不少内心愿力强烈的求职者和同事，他们大多有着普通的出身、普通的背景、普通的学历，只是因为多一点的相对优势、多一次的被看见、多一步的换位思考，就得以用更短的时间成了同龄人眼里厉害的人。追根溯源，他们身上也都有一个很明显的共性：在人生的某个阶段陷入对自我定位和未来愿景的思考中，这正是他们的涌动时刻，而他们的涌动之源同样来自内心的召唤——我应该是一个优秀的人。

拉勾教育事业部总经理小 C 的职业成长故事就是一个代表性案例：一个"双非"大学毕业生，先是被身边人"超车"，然后又用超出同龄人的加速度走到今天的位置。

小 C 在 2013 年毕业后就加入拉勾，是我们的第一位开发人员，经历了拉勾早期的数轮用户量暴涨，积累了不少开发经验，自我感觉挺不错。但是两年后的一天，埋头研究代码的小 C 猛然发现，当年同期入职的前端同事已经晋升为小组长，产品经理带了几十人规模的团队，就连跟自己一样以应届生身份入职的设计同事都独立负责一个部门了。

大家明明在同一起跑线，小 C 也自认为是比较用心、努力和上进的人，上学时成绩一直不错，大学寒暑假还自学网络编程教程，工作后也一直利用业余时间学习充电，但怎么走着走着，身边人就很轻松地超过他了呢？于是，就像我在幻想破灭的痛苦中决心考研一样，小 C 在这股不服输的愿力牵引下，开始艰难地破局，从纯粹的技术线转到产品线和业务线，以此拓宽职业发展通道，也由此触发了 1.01 式指数级成长的导火索：因为开始利用业余时间关注业务，关注到一个与公司发展有关的项目机会，又主动申请立项而得到了锻炼综合能力的机会，然后遇到更难的问题，与更多牛人共事，有了更高层级的见识……那些 1.01 的触发因子相互叠加，最终将小 C 推上了指数级上升的"快车道"。如今，小 C 负责的拉勾教育事业部已经从 20 多人快速扩张到了 400 人，成为"再造一个拉勾"的核心担当。如果不是毕业两年后那场痛苦的自省和不服输的愿力，小 C 不会有破局的念头，也就不会有后来种种机遇挑战并存的精彩蜕变。

写到这里，我不禁再次想到日本经营之圣稻盛和夫的故事。在阐述自己工作观的经典著作《干法》一书中，稻盛和夫自陈不是一个热爱劳动的人，初中升学考试、大学升学考试、就职考试的成绩都不理想，每次志愿都落空，毕业后经导师推荐才进入了一家濒临破产的企业。同期入职的同事一个个都很快辞职了，最后只剩他一个人。

支撑稻盛和夫在这家摇摇欲坠的企业里坚持做下去的，是一个朴素的念头："像自己这样平凡的人，如果想要度过一个美好的人生，究竟需要什么条件呢？"即便平凡，也想要过好人生，这份愿力支撑着稻盛和夫在看似无望的时光里依然保持自问、求索的态度，持续观察周围工作和人生都很成功的人，试图找到过好人生的法则。事实上，只要愿力一直翻涌，无论选择了哪条岔道，你定会走在通往美好人生的路上。

愿力和涌动赋予了一个人指数级成长的初始速度，而发掘内心的愿力是一个夹杂着痛苦、失望、怀疑甚至恐惧的向内探索之旅。关于如何发掘内心的愿力和涌动，并在日后的工作和生活中牢牢守护住这股涌动之源，我在这里提供一些过来人亲测有效的建议。

用"外挂"和"造血策略"制造优秀体感

愿力的发端是一种难以用言语形容的微观体感。大多数时候，这种体验来自外界的正向激励，这是帮助我们增强自信的强心针，也是驱使我们在无数个前路不明的暗夜里勇往直前的愿力之源。

就像在我小学时期，每个寒暑假父亲都会给我辅导功课，我凭借这个"外挂"从小一直学得不错。这种学习不错的体验在我心里无意间播下了优秀的种子，驱使着我在往后岁月里不敢停止努力，非常想将优秀的状态留住，即便后来沉沦过一段时间，也能很快自我校正回到优秀的轨道上来。

外界的正向激励固然可遇而不可求，但你还有一个随时可以自我启动的"造血策略"：挖掘独属于自己的相对优势宝藏。如果你的工作年限不长，那么你的岗位经验、专业知识、独特经历、个人兴趣，甚至旅游阅历，就是你相对于其他同龄人的优势所在。在这些领域持续探索积累和放大优势，能够让你有相对更大的概率获得来自外界的正向反馈，体验到优秀是一种什么感觉。

在小 C 的故事里，当他发现自己在程序员的格子里走得比同龄人慢，跳出格子的念头也在他的脑海浮现了。他下定决心从技术线转到业务线，并且开始利用业余时间研究市面上的同类产品。恰好当时市面上流行一种招聘系统，小 C 觉得这个产品背后的研发技术并不难，用户还不少，于是决定主动申请立项并主导项目落实。"懂技术的产品经理"就成了小 C 最早的相对优势标签，也成了小 C 指数级成长的起点。

世界终会予你回报

当强烈的内心涌动让你决意走出舒适区，你必然会遭遇诸多难处。

"当你遭遇困难或是触及自己的软肋时，应该想到将来你会做得更好，应该以直截了当的态度和持之以恒的方式去处理它。"星巴克之父霍华德·舒尔茨在自传《将心注入》中这样写道。而经历过的人都知道，在没有任何激励、没有任何"进步迹象"的情况下，依然每天打满鸡血多么困难，小 C 的经历或许能给我们些许启发。

2016—2017 年是拉勾成长非常快的一段时间，技术要升级、架构要升级，公司高层每周六都要开业务周会。那时，小 C 刚负责一个小型事业部，每周都要在会上汇报工作进展。

说是汇报工作，其实就是挨批，他在台上汇报进展，公司高层在台下提出问题。整个 2017 年，小 C 一遍遍汇报，一遍遍挨批，心情曲线像日历一样规律：周六开完会就跌到谷底，周日赶紧自己调节调节，出门散散心，心情慢慢恢复到峰值，到下周一又开始回落，周六开完会又跌到谷底，周日再做心理建设恢复到峰值，如此循环往复。

对那时的小 C 而言，如果心理建设有秘诀的话，那一定是刚入行时公司里一位高级管理者对他讲的一段话：在这个（互联网）行业你不用担心自己有能力但拿不到相应的回报，即使我给不到你，这个行业也会给你一个公平的回报。你学习是为你自己，你所有的努力和付出最终都会反馈到你的薪酬待遇和职业高度上，你在成长中学习的各种东西都会回馈到你自己身上。

解决了问题，最终受益的还是自己。小 C 一直记得这段话，这让他不太计较眼前的小事，那年小 C 一路走得跌跌撞撞，但那是他成长最快的一段时间,他的项目管理和业务操盘能力有了飞速提升。那个项目最终无疾而终,但直接为他带来接盘更大业务的能力和经验储备。小C现在负责的400多人团队中有不少都是95后、00后,很多人面对新任务的第一反应都是:做不了。只要有一次,下次再有新任务,他就不会再交给这位同事了,他会找另一位接得住任务的人。

为自己的底层情绪操作系统铺上一层名为"相信"的滤网,守护好自己的愿力。

三年观察期

1.01底层规律的存在就意味着,这是一个非线性的世界,即使你一直在做正确的事情,你也不知道是否凑齐了所有因缘,你也不知道离最终的临界点究竟还有多远。指数级力量的爆发注定需要一定的时间来酝酿,而且一开始必然要经历一段回报与投入不成比例的时期。

也因此,你很难用短短的三个月就完成一场指数级的职业生涯大跃迁——你大概率会错失从量变到质变的拐点。但是,你也不用将时间维度一下子拉长到十年,毕竟科技、人文、时代的变化日新月异。我的建议是:给自己的大目标设一个以三年为限的观察期。

当你以三年为一个单位时间尺度，去度量自己想要达成的目标，再回头看眼下遭遇的各种问题和困惑，你会发现，这些看似糟心的问题其实都是小问题。这样，你就会更容易坚持做正确的事情，也更能够守护好内心向好的愿力和向上的涌动。

那么，为什么是三年，而不是五年或七年？因为三年说起来不长也不短，相对更容易接受，并且三年是一个可以形成质变弹性空间的时间尺度。例如，在经验丰富的职业成长咨询顾问看来：一个普通大学的毕业生，用三年时间完全可以积累起进入一家互联网大公司所需的所有初级经验；一个能力处于平均水平的职场新人，用三年时间也可以将一个细分领域研究透彻，成为这个领域的专家，就像我当年立志用三年时间提前布局，以成为最懂互联网行业的金融分析师那样。

给自己找一位成长偶像

给自己三年的观察期，这一动作的本质就是长期主义，用长期主义来对抗那些只存在于短期的焦虑和自我怀疑，为内心愿力的种子提供一片容其缓缓破土而出的土壤。

除了三年观察期，坚持长期主义还有另一个同样具象的小技巧：找到比自己大 10 岁的成长偶像，观察他们的人生道路和选择经验。所谓的长期主义，究竟要长到什么程度？就长到你的成长偶像那里。

成长偶像不需要很资深，比你大 10 岁就够了。年龄差距太大，会带来过大的认知差距。当然，如果年龄差距太小，很可能无法输出具备足够经历积淀的认知启发。大 10 岁刚刚好。

2012 年是我情绪最激进，内心最焦虑和迷茫的时期，那段时间，我频繁跟一位比自己大 12 岁的前辈吃饭聊天，慢慢受到这位前辈的长期主义、反共识等充满智慧的思想影响，对外界的风言风语就没那么在乎了。希望你也能找到一位帮助自己看到更大世界的成长偶像，甚至挚友。

这本书陪伴你至此，最后我想分享全球知名运动品牌耐克创始人菲尔·奈特在自传《鞋狗》中的一段话："我希望自己的一生更有意义，自己能有目标，有创造力，有举足轻重的地位。最重要的是，我要与众不同。我希望在世界上留下个人存在的印记。我希望获得胜利。不，这么说不准确，人生不一定会赢，而我就是不想输。"

我愿意相信，无论大时代和大环境如何，无论个人和家庭的身份、背景如何，每个人打心底都希望自己是一个优秀的人，希望自己未来能够变得更优秀。往后终身成长的时光里，你一定会在人生的某个时刻认真思考自己怎样才能过好人生，你一定会顾盼左右，衡量自己的位置、校准自己的方向，你一定会在夜深人静时扪心自问是否不枉此生……希望你能够珍视这一股股向上、向好的愿力，并在日后的工作和生活岁月中时常回首，时常提醒自己，不要忘记这份涌动之源，那是你的 1.01 指数成长曲线跃迁的地方。而如果你已经准备好迎接这场没有终点的马拉松，就尽情地享受比赛吧！

附录

在创办拉勾的过程中,我逐渐有机会与众多优秀的企业伙伴共同探讨成长话题。企业 HR 负责人是最懂雇主需求和职业发展规律的群体。他们能够提供更多元、更微观、更实用的职业成长经验分享。本书以附录形式记录多位企业 HR 负责人关于职业成长的心得。他们从一线带来不同行业的人才需求、新鲜的成长案例以及一些实用的面试技巧,希望对你有所帮助。

职业成长有连续性，
有些经验和能力需要慢慢沉淀

绿城未来数智科技 HRD 刘静

绿城未来数智科技公司 HRD（人力资源总监）刘静非常强调年轻人需要具备在时刻变化的大环境下看到目标、看清前路的能力。在变化的时代，企业的业务形态和组织架构随时面临调整，而这正是个人职业路径会发生分野的时刻。那些最终发展不错的年轻人，通常都是立足内心目标、拥抱外在变化，并将企业目标收于眼底的人，他们总是能够被关键人物看到。

许单单：在你看来，那些最终发展不错的年轻人身上都有哪些闪光点？

刘静： 结合当下大的行业环境，我觉得优秀的年轻人身上有以下三种特质。

第一，目标感清晰。房地产行业变化很快，企业内部的变化也很快，有些人会迷失前进的方向，上级给他安排什么他就做什么。与之对比，那些优秀的年轻人都有清晰的职业目标和方向，无论组织如何变化，他们的内心都很坚定，方向都很清晰，不会让外界环境随意影响到自己。其实无论是做具体的工作，还是选择一份职业、一家公司，都要围绕你内在的目标和方向去选择。

第二，积极拥抱变化。在变动频繁的企业环境中，有些人的心态是开放的，他们能够乐观地看待变化并调整自己。有的人则想不清楚为什么会产生这样那样的变化，最终选择封闭自己，他们和优秀人才之间的差异也因此产生了。

第三，执行力强。执行力具体体现在对工作的责任感和使命感上。从 HR 的角度来说，每个部门都有自己的职责边界，但在企业中，有些事情的职责边界往往没有那么清晰，所以当一个无法明确界定部门或岗位归属的问题出现时，有没有强烈的主人翁意识去推动解决问题，也是判断一个人是否优秀的重要切入口。

许单单：你身边有具备这些特质的年轻人吗，可否给我们讲一讲他的故事？

刘静： 我们有一位智慧园区技术研发线的负责人，在公司组织架构和团队业务不断调整变化的过程中，他的岗位职责也被重新定义了很多次，但他每次都能做到积极理解和配合。不仅如此，他还会跳出自己部门的立场，站在更高的维度去分析组织架构调整的出发点，思考整个公司的利益和目标。每当组织有困难、需要他的时候，他就会站出来担起责任。因此，公司领导层对他的评价普遍是"很靠谱""很有担当"。

许单单：在你看来，有哪些职业成长规则被今天的年轻人忽略了？

刘静：制定清晰的目标和耐得住性子。任何公司都存在各种各样的问题，很多年轻人会因为眼前的困难就频繁跳槽，但他们忘了人的职业成长是有连续性的，有些经验和能力需要时间慢慢沉淀，时间是最好的酿酒师。

以我个人的职业经历为例，在近十年的时间里，我只经历过两家公司，这是由我的目标——"在HR领域持续深耕"来决定的。我很喜欢做HR，还给自己定了三年、五年、八年、十年分别要达到的具体目标。以此为锚点，我会分析自己在当下组织中的机遇、挑战以及它们能否为我的目标助力，这样一来，外在的变化就不太会干扰到我自己的方向。

许单单：在你看来，职场新人在面试中最常犯的错误或忽略的细节是什么？

刘静：第一，对于总结性提问的回答缺乏深度。建议大家平时在工作中就及时进行自我复盘，将自己从工作中获得的经验、教训和改进空间等问题沉淀下来，这样在面试中被问及总结性问题时，就能应对自如。

第二，格局和视野不够。在终面环节，面试官往往都是公司的高层管理者甚至是CEO，他们关注的更多是候选人对岗位的思考深度以及对行业全局的理解。所以如果你能够日常有意识地做一些行业知识储备和行业研究，面试的时候就能够更有底气。

在工作中，
一手实践是比二手整合更好的反馈

有赞 HRVP 王贺

有赞 HRVP（人力资源副总裁）王贺从丰富的现场招聘经验和几位优秀候选人的面试故事出发，建议我们养成热情、饱满且认真负责任的执行态度，并尽早形成自己的方法论体系。此外，王贺还分享了一条重要但极易被忽略的职业成长规则：对于日常工作产出而言，通过实践获取的一手信息可能比二手整合信息更有价值。

许单单：你在进行招聘时有哪些用人和筛选标准？

王贺：如果公司招聘的是一线团队的主管，我会看中候选人的聪明程度和执行的态度。在面试中，我会通过提问了解他在过往工作经历中是否有过显著的成长，对此他有哪些认知，以及他如何理解并落实手头上的工作任务，以此来判断他对待工作是在真的执行还是在"交作业"。

如果招聘的是企业中层级别的员工，我会更关注候选人能否用一套明确的方法论作为部门级工作和管理的参照，并不断精进和优化，最终应用于整个部门的管理。通常来说，中层管理者的执行更多指的是任务拆解、分配和带领整个部门实现目标。如果管理者没有一套成体系的方法论，最后就会变成头痛医头、脚痛医脚的形式，整个部门都很难快速抓住事物的本质，影响部门目标达成。

许单单：你在面试中肯定遇到过很多表现亮眼的候选人，可以给我们分享他们的故事吗？

王贺：曾经有一位让我印象很深的销售团队主管候选人。在面试现场，我首先感觉到的是他的热情：他在讲述过往经历的时候眼里是发光的，很有感染力。所以我相信他对自己的团队是有感情的。不仅如此，他还能清楚表达出团队十几个伙伴中每个人的特点、成长路径以及他的管理方式。当一位一线管理者能够把握住如此细颗粒度的事项和信息，他带团队就不会错。

再分享一位商业中台团队候选人的故事。在面试他的时候，他在一块 1.5m×1.2m 的白板上将自己的中台管理方法论画了整整一白板，每个环节的数据埋点、每个节点的看板记录、每个流程的人才画像……都列得非常清楚。这位候选人出身传统行业，面试的却是互联网公司的岗位，由于他在过往工作中积累了体系化的方法论，所以就能够跨行业地分析和解决问题。在这个经验很快会作废的时代，企业需要的正是具备方法论、底层逻辑很强，同时拥有知识迁移能力的人才。

许单单：有没有一些重要的成长规则是被当下的年轻人忽视的？

王贺： 我发现有些年轻伙伴会依赖获取二手信息和整合信息来交作业，而不是拿出通过实践获取的一手信息进行反馈。

举个例子，某一天 HR 部门探讨是否需要为公司引入第三方人力资源服务机构，这时有些小伙伴就会直接说："不行，因为以前没试过。"而有些小伙伴仅仅用一天时间收集了市面上几家第三方机构的交付成功率，然后也给出了不引入的建议。其实，我真正期待的是有小伙伴主动向我申请两周的时间，找出三家服务机构进行平行尝试，从人才画像到一面、二面、终面，统计出真实的面试成功率，最后基于一手数据验证提出建议。

无论在哪种类型的企业或行业，我个人非常尊重认真且有钻研精神的做事态度。

许单单：有赞的用人标准是什么？

王贺： 聪明、皮实、有药性。

"聪明"的含义包括具备良好的自我认知，以及具有一定的工作经验积累和对应聘岗位的认知。认知的准确与否不重要，但是能否清楚表达出来自己的认知很重要。例如一位产品经理的候选人，可以不清楚有赞的产品经理应该怎么做，但他需要知道一名产品经理应该如何做好自己的工作。"聪明"的另一个衡量维度是对知识的迁移能力。在面试中，我可能会问一位地推出身的销售伙伴："如果今天你要通过之前从未接触过的电销来完成销售，你会怎么做？"然后观察他的反应来判断他的知识迁移能力。

"皮实"指的是一个人虽然被"按在地上狠狠摩擦"过，但还能跳起来再战。在面试中，相较于候选人过往的成功经历，我更愿意了解他经历过的失败和反思，并推断他是否具备从挫折中复原的能力。

"药性"有感性和理性两种维度。在感性上，我会通过候选人的语气、眼神、面部表情和细微动作来判断他是不是一个有使命感的人。在理性上，我会追问对方想要做的事情下一步是什么样子，以此判断他是只满足于完成短期的任务，还是真正具备看到未来的能力。

收起旺盛的表现欲，
简单有效的面试表达更加分

曹操出行 HRVP 方瑾

曹操出行 HRVP 方瑾从大量候选人的面试表现中总结得出，很多年轻人缺乏个人职业发展的中长期规划和持续学习的意愿。关于面试，方瑾提出了一条中肯的建议：大多数面试官每天的面试量非常大，精准理解面试官的意图并用简短精练的语言表达出自己的闪光点才是真正有效的面试沟通。

许单单：在你看来，那些最终发展不错的年轻人身上都有哪些闪光点？

方瑾：第一，有明确的中长期规划。我在面试中发现，大部分人对于"长期来看你真正想做什么"这个问题的回答都不够好，他们的跳槽基本都是出于短期环境波动、工作压力和薪资等因素。而优秀的年轻人则通常会具备明确的目标感，对于自己未来三年、五年的职业发展有着清晰的规划。相比而言，后者是真正"仰望星空"的人。

第二，具备持续学习和进步的能力。很多职场人觉得自己能胜任眼前的工作，便会满足于此，他们下班之后的时间基本上会用于个人的休闲活动。那些优秀的职场人会在制定出明确的个人发展目标后，脚踏实地地积累技能和实践方法。一个人具备旺盛的求知欲和学习精神是成为优秀人才必不可少的要素。

第三，足够聪明。聪明并不是指一个人的智商高，而是一个人在职场中善于协调各方资源，会借助团队的力量来应对当下工作中的挑战，最终达成目标。

许单单：有没有一些重要的成长规则是被当下年轻人忽视的？

方瑾： 在长时间观察一些年轻人从刚毕业到近五年、十年的职业发展之后，我觉得很多人忽略了"耐心"的重要性。当下，很多95后、00后的职业机会很多，大家觉得换职业、换行业、换同事甚至直接选择躺平都是可以接受的事。但我觉得，当你认真选择了一个行业并走出自己的舒适区，短暂地碰到挫折、挑战，感到不适，都是正常的。这时你要有更多的挑战精神和耐心让自己沉淀下来，培养起抵御短期诱惑的定力，这样在今天这个相对浮躁的社会和职场环境中，你就会比别人更容易得到自己想要的结果。

许单单：曹操出行在招聘时通常看中候选人的哪些品质？

方瑾： 第一，对复杂项目的统筹协调能力和问题解决能力，尤其是在跨部门协作的场景中。

第二，个人影响力。很多刚毕业的同学可能觉得自己一没经验，二没专业知识，在团队中只能当一个默默无闻的跟随者。短期内你的专业性的确难以企及周围的同事，但你可以通过其他能力，比如特别守时、特别能吃苦、特别踏实，在领导心中快速建立起属于你自己的"职业标签"。从我对一些毕业生的长期观察来看，个人影响力、职业标签、个人品牌的建立对他们未来职业发展的助力会非常大。

第三，专业知识和通用技能的储备，包括沟通和表达能力等。归根结底，"专业性和基础素质是否符合岗位需求"是招聘选拔人才的本质出发点。

许单单：据你观察，职场新人在面试中最常犯的错误或忽略的细节是什么？

方瑾： 作为一个经历过很多面试的面试官，我们每天面试的量是很大的，有时多达 30~50 人。在这种情况下，面试者最好能精准理解面试官的问题和意图，在短时间内找出与自己最契合的闪光点，用非常简洁、高效、有力的组言组织和表达出来。有些面试者连最简单的自我介绍也要用上 10 分钟，这在我看来是不能理解面试官意图的表现。面试的本质是沟通，沟通的本质是掌握对方想要什么，自己有什么，如何进行精准匹配。收起自己旺盛的表现欲，掌握面试官的真实意图，精练的回答会让你更容易脱颖而出。

找到你的"边界感"，
不断拓宽"边界"

三七互娱 HRVP 罗娟

关于职业成长，三七互娱 HRVP 罗娟为我们提出了一个值得深思的关键词：边界感。"边界感"听起来似乎没有创新那样性感，但却在很大程度上影响着我们在职场中的实际工作成果产出：创新源自对"边界"的精准触碰、有效感知和合理突破，并且不止于"边界"本身。持续积极的自我探索和向外探索是年轻人把握"边界感"、拓宽创新边界的必要之举。

许单单：在你看来，那些最终发展不错的年轻人身上有哪些闪光点或核心优势？

罗娟： 在我所观察到的互联网以及高科技人才中，那些最终能够登上自己未来"灯塔"的成功者，普遍有很强的认知能力。

人的认知能力可以分为三层：第一层是自我认知，包括对自身定位和角色的认知，那些有发展潜力的年轻人通常都具备比较清晰的自我认知。第二层是对周边社会、经济、历史、人文等领域的"格物致知"，即通过探究事物原理来获得智慧。"格物致知"的基础是具备丰盈的世界观和视野，Z世代的年轻人正是由于普遍拥有比Y世代的年轻人更开放的心态，因此通常有更好的"格物致知"能力。第三层是对世界运作本质的洞察能力，它要求一个人对世界保持好奇心，并且不懈探索和钻研，最终掌握世界运作的本质规律。

许单单：能否分享一些拥有上述闪光点的优秀年轻人的成长故事？

罗娟：在我过往的职业经历中，曾经有一位领导的行事方式让我印象很深刻。他经常主动向大家分享一些自己对商业模式的理解，并用线性或非线性的方式解释他的观点，还会用"小产品""大产品"等概念清晰地呈现他对产品创造背后的思考和规律总结。

这位领导实际上代表了一类认知能力非常强的群体，他们基于认知能力的三重维度，洞悉了商业社会或商业模式的本质，所以能够做出正确的决策。能够有效向他人输出自己的认知也是领导力的一种表现，它意味着你能够让身边的同事更理解并认同你的决策与思考，从而选择追随你、支持你。在三七互娱，我们的高层领导者也经常会对内输出很多关于产品、行业、社会的认知与思考，并且带领企业向正确的方向前进。

许单单：在你看来，有哪些重要的职业规则是被今天的年轻人忽略的？

罗娟：对于工作五年以内的年轻人来说，我想重申三点：自我探索、培养洞察力、把握边界感。

当知道自己想要去的那座"灯塔"的具体坐标之后，你接下来就要进行充分的自我探索，对自身的优势和短板产生明确的自我认知。这是一个"优势成长"的社会，只有充分发挥自己的优势，方能抵达自己的灯塔。

认知的养成还有一些"冰山之下"的能力要素，比如对周围世界的洞察能力，你可以有意识地学习一些相关的知识，做一些练习，去提升自己的洞察力。

最后，我建议年轻人把握好事物的"边界感"，并且不断拓宽自己的边界。在过往的工作中，我偶尔会遇到两种年轻人：一种人的思维相当固化，受限于自己的工作；另一种又太缺乏边界意识，思想过于天马行空和理想主义。今天的企业往往要求年轻人要具备创新能力，但是上述两种状态都无益于创新。创新的本质是在事物或商业的边缘地带寻找突破并付诸实践，为此，你需要找到事物的边界所在，用一种合理的、可落地的、可执行的方式完成对边界的突破，并不断拓宽边界，让更多创新的可能性涌现出来，如此方能把握住日常工作中每一次创新的机会。

许单单：据你观察，职场新人在面试中最常犯的错误或忽略的细节是什么？

罗娟：我们需要警惕"知识的诅咒"。斯坦福大学曾经做过一个实验：拿一份有25首世界名曲的歌单，让每位受选者挑选一首，通过敲桌子的方式将节奏敲给听众听，并让其猜歌名。结果显示，虽然实验者挑选的都是诸如《祝你生日快乐》之类大众耳熟能详的歌曲，但听众只猜出了2.5%的曲子。这便是"知识的诅咒"——我们一旦了解某事，就无法想象这件事在未知者眼中的模样，当我们将自己明白的知识解释给他人听时，总是很难完完全全向对方解释清楚。

在职场沟通的场景中，很多人可能也会无意识地掉进"知识的诅咒"。尤其在面试场景中，很多候选人会理所当然地以为面试官会完全明白自己口中的专业名词、术语、概念，而事实往往并非如此。我的建议是，尽可能理解面试官的问题，并通过完整有效的表达来破除"知识的诅咒"，这样可以更有效地达成沟通中的共识，获得自己想要的面试结果。

聪明、勤奋是关键的
人才选拔标准

涂鸦智能 HRD 安莹

涂鸦智能 HRD 安莹认为,优秀人才具备以下共同点:持续优秀的表现和良好的个人素质,以及职业发展节奏快且有清晰的上升路径。另外,安莹建议年轻人正视"勤奋"的价值,因为勤奋是一家创业公司脱颖而出的必备基因,也是关键的人才选拔标准之一。

许单单:在您看来,那些最终发展不错的年轻人身上都有哪些闪光点?

安莹: 第一,持续优秀。我们可以从那些优秀应聘者的简历中清晰地看出来,优秀的人普遍从求学时期便有出类拔萃的表现,比如成绩排名靠前,比如会参与各类社团工作。

第二,职业发展节奏快,上升路径清晰。我在这里分享两种优秀的职业成长样板:一种是只用三年左右的时间便成长为岗位专家或某一板块的主管；另一种是工作五年内没换过公司，但做过很多难度较大的大型项目，扮演过重要的角色。这样的人往往比同龄人更积极主动地做了很多准备，才会得到很多重要的机会驱动成长。

许单单： 您身边有具备这两种特质的优秀的人吗，能否讲一讲他的故事？

安莹： 我在涂鸦智能招到过一位90后的同事。她本科毕业于某"211"院校英语专业，随后去美国读了与她毕业后进入的职业通道对口的专业研究生，我们能看出来她较早就开始为职业路径做规划和积累。回国后，她先在一家知名民营企业从专员做起，直到成为两大业务板块的负责人。工作五年后，她换工作到涂鸦，从专家岗位做起。在仅仅半年的时间里，她就展现出了自驱成长、勤于思考的特质，以专业扎实的行业知识和业务能力得到了所在团队、跨部门合作方的一致认可，她通过竞聘，晋升成为一名管理者，现在已经是一个重要团队的负责人了。

许单单： 涂鸦智能的通用招聘原则和用人标准是什么？

安莹： 首先是具备抗压能力。涂鸦智能所处的硬科技行业是前沿行业，我们会比较看重人才是否具备探索未来的欲望和创新能力，而创新很有挑战，需要坚持不懈地努力，所以我们希望候选人有比较强的抗压能力。

其次是包容性，快速发展型公司的变化速度很快，涂鸦作为硬科技企业，软件和硬件背景的人才汇集，不同背景的员工之间会存在一些认知不一致的情况，所以对个人的思维包容性要求更高，因此我们会在招聘时就判断应聘者能否在价值观层面偏好包容理解与团队共赢。

许单单： 您觉得在未来，高科技行业对人才的通用要求会发生哪些变化？

安莹： 第一，需要技术创新和领先。人才需求发源于业务，对于涂鸦的业务而言，能助力推进物联网、大数据、云计算、硬科技等创新和领先技术发展的人才，我们都需要，专业举例：JAVA、C语言、前端、客户端、NLP、测试、嵌入式等软硬件技术。

第二，全球化。硬科技是发展较快的赛道之一，目前涂鸦智能不论技术岗、产品岗、业务岗还是其他岗位，都需要国际化背景的人才。另外，涂鸦智能过去的业务较为聚焦一些户内的场景，但我们的未来愿景是做全球化的IoT开发平台。因此，未来我们不仅会继续深耕全球化，还会在更多行业，以及户外线上扩展，各类行业背景的人才我们都会考虑吸纳。

许单单： 在您看来，有哪些重要的职业成长规则被今天的年轻人忽略了？

安莹： 我认为是对"勤奋"的忽视。涂鸦科技一直不变的人才选拔标准有两个，第一个是聪明，第二个就是勤奋。有些在公司成熟之后进来的年轻人很难体会到勤奋的重要性，很多人认为现在谈勤奋已经过时了，但回顾创业历程，公司最早一批创业伙伴往往都吃过很多苦：拜访客户碰壁的苦，技术研发时间紧迫的苦，招聘新人困难的苦……勤奋是涂鸦的基因之一，是涂鸦一路快速发展的原因之一。当然，我们终归是以欣赏和期待的眼光关注着年轻人的，希望年轻人能勤思好学、勤劳奋进，实现职业上的快速成长！

许单单： 据您观察，职场新人在面试中最常犯的错误或忽略的细节是什么？

安莹： 我们在面试中遇到最多的错误就是"抱怨前公司"。如果候选人在遇事时喜欢从别人身上找原因，而不"内归因"反思自己，说明候选人的心智模式和解决问题的能力还不够成熟。我认为，脚下的路都源于自己内心的选择，建议大家遇到问题时能多内归因，多思考自己能够做哪些努力去积极地解决问题。

当你追求把手头的事情做到极致，你就已经脱颖而出了

广发信用卡 HRVP 聂庆

在广发信用卡 HRVP 聂庆的观察中，那些职业发展不错的年轻人普遍拥有更强的专业能力要求，以及具有把事情做成的强烈欲望。从聂庆对一位风控部门前同事的成长故事表述中，你能直观感受到"把手头的事情做到极致"在一个人职业成长中起到的关键作用。

许单单：在你看来，那些最终发展不错的年轻人身上有哪些闪光点或核心优势？

聂庆：学历、经验是必要的，但最终能让他们走很远的是冰山下面的东西。

第一，对自己专业能力的要求，以及把事情做成的欲望。在我所经历过的面试中，自己想成事、对业务追求极致的人其实并不多，如果你有上述特性，你已经脱颖而出了。

第二，取得同事信任和支持的能力。

第三，独立思考的能力。有自己的独特见解，遇到问题时就能想出不一样的解决方案，这也是他们身上重要的闪光点。

许单单：你身边有没有一直在成长的优秀年轻人的故事？

聂庆： 我对风控部门以前的一位同事印象很深。银行风控工作的大致逻辑是：观测数据—建模分析—得出结论—制定政策。当时企业并不会强制要求风控部门也做实地调研，很多做风控的伙伴在建模这一环节会直接套用系统中已经存在的过往单一变量，但事实上真正决定模型效果的中间变量往往来自日常与客户沟通的一线运营同事的感知。

这位同事是当年同批入职风控组的年轻人里面唯一一个在建模的时候找到运营团队交流的。他获得了对客户风控系数把握最精准的运营经验和感知，为模型增添了关键的中间变量，最终拿出来的模型效果非常显著。现在他已经是某互联网大厂风控部门的带头人。

许单单：你认为有没有一些重要的成长规则是被当下的年轻人普遍忽视的？

聂庆： 保持好奇心和不断学习是很重要的。今天机构的发展、行业客户的习惯、企业的竞争态势和经营模式日新月异，我们必须保持对行业和客户需求变化的敏锐度和好奇心。

自我认知也非常重要，如果你认识不到自己哪里好、哪里不好，有再好的教练也没用。做管理也是如此，先了解自己，知道怎么管自己，怎么发挥自己的优势，才能用好团队成员的优势，其实这就是古人说的"知己者明，知人者智"。

许单单：据你观察，职场新人在面试中最常犯的错误或忽略的细节是什么？

聂庆：首先还是缺乏自我认知。有些毕业生履历不错，但我发现他们其实没什么想法，对自己的优势、长处、兴趣认识都不清晰，这种情况下企业想用他们时就会担心：你对这些这么重要的事情都没有想法，将来能对工作有独立见解吗？

其次是对企业的了解深度不够。我面试过一些比较优秀的候选人，他们在面试前不只看过我们企业的介绍，甚至还看过关于我的采访文章。这样一来他们不仅提前了解了面试官的风格，交流质量会相对优胜一倍，也能够比他人更轻易地在面试中获得 offer。

许单单：你能否提供几条对于年轻人来说切实可行的职业成长建议？

聂庆：第一，积极主动，不要被动等待。

第二，不要挑活。如果你刚入职，上级不一定给你派很多重要的任务，但只要你有能力，你能通过任何一项简单的任务接触到公司的关键业务，展示出你的专业性。

第三，如果你是职场新人，你要清楚自己来这家企业的目标。没有哪个职场是完美的，以目标为导向，关注你该关注的，就比较容易克服初入职场的不适应感和压力。

字节跳动成立九周年时，张一鸣发表了一篇关于"平常心"的演讲，我觉得主旨可以用两个词总结：执着，精进。不要执着，不为结果过分忧虑，但要精进，不管你喜不喜欢现在的工作，把手上的事情做好、做到极致，可能机会就会出现。曾国藩有条处世四字诀我也很喜欢，"物来顺应，未来不迎，当下不杂，既过不恋"，与大家共勉。

让面试官看到你的深度思考

Fordeal HRVP 屹宇

Fordeal HRVP 屹宇基于亲身经历，强调了设立明确目标并让目标驱动自己不断向前的重要性。屹宇还建议年轻人积极拥抱变化，并在此基础上再深入一层，站在组织的维度思考自己能做什么，主动促成变化发生，让决策者看到自己的格局和潜力。而高维格局和思考离不开平时就养成的每日复盘习惯。在面试环节，深度思考和总结同样是加分项。

许单单：在你看来，那些最终发展不错的年轻人身上有哪些闪光点或核心优势？

屹宇：有明确的目标。这个目标可能不一定正确，他们也不一定完全按照这个目标走下去，可能中途就被修改、被调整了，但起码他们一直有目标，他们的方向一直明确。以我自己的感受来说，我是做销售出身，做销售的第一年我给自己定的目标就是当年要买辆车，而有些人的目标可能是当年要存10万元。建议年轻人在每个成长阶段都定一个自己认可的、具象的、够一够能达到的目标，只要你认可这个目标，目标会给你驱动力。

许单单：有没有一些重要的成长规则是被当下年轻人普遍忽视的？

屹宇：主动拥抱变化的能力通常是被忽视的。我们总说机会留给有准备的人，你每天深入思考自己的业务有没有更好的实现方式，每天都站在负责人的角度看问题，这就是长期准备。在此基础上，当你感觉有些变化即将发生的时候，你要主动促成变化发生，因为一旦公司内部出现组织架构调整的需求，就意味着高层首先会明确组织接下来的目标是什么，通过什么战术、战略达到目标，然后就会考虑挑选一批什么样的关键人力。在这个过程中，大多数人只会被动等结果，其实我们可以尝试站在更高的维度思考组织调整的目的是什么、自己能贡献什么。

比如我在跟公司里面的一些年轻人聊业务配置的时候，他们就很快能理解到我的点，知道我问这个问题是出于什么变革考虑，然后很快能把自己觉得现有流程体系不合适的地方表达出来，并且给出相应的改进意见。这些年轻人平时就不断思考，发现了问题，而且积极主动地寻找解决方案。这些改进意见会被我纳入组织变革的具体方案中，我自然也会格外重视这个年轻人，对他进行相应的岗位资源配置倾斜。

许单单：据你观察，职场新人在面试中最常犯的错误或忽略的细节是什么？

屹宇： 第一，没有用好 STAR（情境、任务、行动、结果）法则。当你用 STAR 法则描述职业经历时，面试官想了解的信息基本都能涵盖，这样就能减少面试官的追问、反问，让面试官觉得你描述事物的完整性、体系性、逻辑性很强。

第二，在描述经历时要么浮夸，要么表达不出来。这里的关键在于，很多人对手头事情的总结和反思是不够的，没把一些事想透。咱们老祖宗都说"吾日三省吾身"，建议大家每完成一个项目都深度复盘一次，想想怎样能做得更好。先不管想得深不深，起码你想过，而大多数人是没有想过的。慢慢地，你就会训练出随时总结的能力，回答面试中的总结性提问就会举重若轻，让面试官知道你的深度思考能力，这是 STAR 法则之外的加分项。

许单单：能否提供几条对于年轻人来说切实可行的职业成长建议？

屹宇： 不要浪费时间。现在让我们浪费时间的机会太多了，只有抓住一切机会提升认知，才能很快拉开和别人的差距。如果能学一些哲学就更好了，慢慢地你能学会用上帝视角看问题，心态会淡定很多，我通俗地概括为一句话：得意时别狂，失意时别丧，一切都会过去的。

下班后做什么
决定了你的人生

小鹏汽车 HRVP 吴宇

小鹏汽车 HRVP 吴宇从个人职业成长经历出发，强调"选择大于努力"，而选择的前提是具备一定前瞻性的战略眼光。她建议年轻人用好下班时间做有挑战性的事情，结识厉害的人，看到别人看不到的趋势。关于年轻人普遍忽略的成长法则，吴宇特别提出"职业忠诚度"——只有决策者相信你不会在困难的时候抛弃他，他才会给你更高的职位，让你担更大的责任。

许单单：在你看来，那些最终发展不错的年轻人身上有哪些闪光点或核心优势？

吴宇： 第一，选择大于努力。要成为顶级人才，光靠努力是不够的，还要有超凡的战略眼光和选择能力，在夕阳产业工作 10 年和在朝阳产业工作 10 年，含金量是完全不同的。

第二，选对的能力，这是工作之外带给你的。真正锻炼出选择眼光的是你下班后都做了什么。如果下班后跟不同圈层的人交朋友，做有挑战性的事情，你会遇到勇敢的人，做难的事情，你会遇到比你牛的人。你能从他们身上学到东西，逐渐站到前人肩膀上，久而久之你的眼光就会跟别人不一样，你就能在很年轻的时候看到别人看不到的趋势，做对选择。这一切的前提就是你下班后怎么过。

我自己大学毕业后在一个全球性公益组织 Junior Achievement（青年成就）做了 6 年志愿者，几乎每周都去中学或大学讲商业课程。这非常锻炼人，一是有机会在职场之外总结自己的工作经验，二是这天然是一个门槛很低的表达能力练习平台——你让我在公司给同事讲，我可能会紧张，但是面对高中生和大学生，我会非常自信。借助这个平台，我也认识了很多优秀的年轻人，通过他们培养了敏锐的战略嗅觉，帮助我在移动互联网早期选择进入了科技行业，又非常早地进入新造车行业，成为一家明星创业公司的早期员工。

许单单：据你观察，有哪些职业成长必备素质、规则、认知是被普遍忽略的？

吴宇： 忠诚，虽然这听起来非常老土。我想讲的是"职业忠诚度"，它分成几个层面。

第一，你有没有对事业的忠诚之心。当你对事业有了忠诚度，很多短期利益对你来说就没那么重要了。

第二，你是否忠于组织。每家公司、每个老板在用人的时候，都会看这个人是只想赚一份工资，还是愿意牺牲一点个人利益让组织成功。每家公司、每个部门都会经历困难时期，比如客观环境变化导致目标没有完成，这时一定有员工愿意与组织共渡难关。这样的人才能在职场上走得远，因为老板相信你不会抛弃他，才会在后面业务好的时候，给你更高的职位，让你担更大的责任。

"忠诚"这个词虽然不那么酷，但我相信它终究是职业发展的重要前提。如果有些候选人的简历显示他的跳槽次数很多，我难免会怀疑他是不是为了多挣几千块钱就可以背弃组织理想。但如果候选人在一家企业待了很长时间，经历了组织起伏，可能跳一次槽就能涨很多薪资，我认为这也是对忠诚的一种回报。

第三，忠诚一定不是来自算计，算计出来的忠诚也不能长久。比如有客户来一家门店投诉，这家门店有10名店员，有的店员不想惹事，就躲到后面去了，而有的店员觉得客户投诉是对整个门店形象的损害，于是冲上前去解决问题，后者就是对组织忠诚的人，我相信他会得到最大的回报。

年轻人可以有竞争意识，
但越重要的岗位越需要同理心

云货 HRVP 伍洋

在云货 HRVP 伍洋的观察中，优秀的年轻人普遍有更强的学习能力，能够主动拓展学习知识的新渠道、新资源。关于年轻人普遍忽略的职业成长规则，伍洋提出了"同理心"和"利他的心态"。公司的本质是一个组织，组织是一个社会，而动用社会资源一定是一个互利互惠的过程，只有保有同理心才能实现双赢，最终达到自己的目的。

许单单：在你看来，那些最终发展不错的年轻人身上有哪些闪光点或核心优势？

伍洋：第一，目标感非常强，不断推动自己完成有挑战性的事情，也就是自驱。第二，心态非常开放，愿意学习。第三，学习能力非常强，非常善于开拓学习知识的新渠道、新资源，不断增加学习的速度和深度。第四，沟通能力。第五，抗压能力，这是职业成长最根本的前提。

许单单：在你的观察中，有符合上述条件的职业成长案例吗？

伍洋：第一个案例是我早年在咨询公司时的一位年轻同事。咨询顾问的工作需要研究很多项目材料，这位年轻同事吸收材料的能力就很强，而且他具备非常强的自驱力，很多事情，你不用推动他，他会来推动你，让我印象深刻。第二个案例是我在互联网公司任职时期的一位企业文化岗同事。这个岗位经常需要直接对接老板，而这家互联网公司的老板是出了名的不好伺候，这位同事经常被批，但他屡败屡战，一直死扛。他还特别会利用外部渠道资源，清楚知道有些事情该问谁、怎么和这些专家保持良好的关系，当时问我问题最多的人就是他。后来他不到30岁就成了阿里P7级别的专家，快速达到了理想的职业高度。

许单单：在你看来，有哪些职业成长规则是被今天的年轻人普遍忽略的？

伍洋：我觉得现在的年轻人普遍更有竞争意识，但是同理心和利他的心态相对而言有些被忽视了。公司是一个组织，组织是一个社会，想做出好业绩，除了业务能力强，还要会利用社会资源。而动用社会资源一定是互利互惠的过程，这就需要通过同理心来感知对方有什么困难，抓住对方的痛点和需求，有针对性地帮到对方，通过双赢达到自己的目的。

举个简单的例子，业务部门的同事向产品部门的同事提需求，如果前者只是一门心思地推动后者满足自己，久而久之后者的配合度肯定会打折扣，前者也会因为得不到后者的支持，导致绩效低下。相反，如果业务同事能运用同理心，站在产品同事的角度思考对方的诉求，两人就会很快同频，不仅降低沟通成本，项目的推进节奏和效率也会变快变高。实际上，越重要的岗位越需要利他，否则别人不会长期和你合作下去。

许单单： 据你观察，职场新人在面试中最常犯的错误或忽略的细节是什么？

伍洋： 第一，觉得自己可以"骗"过面试官。事实上，大多数面试官都阅人无数，他们用很短的时间就可以判断出候选人的真实情况。就算你"装"得好，最后成功入职，你的直接上级、同级甚至隔级上级通过面试对你已经形成期望，一旦试用期达不到期望值，你的发展依然会受到影响。

第二，忽略同理心。面试看起来是交谈，但毕竟是带着角色的，有些话说出来可能会让面试官怀疑你的同理心。举个例子，一位总经理助理候选人，在整个面试环节的表现都非常好，但最后问了这样一个问题："老板，你觉得你是什么性格类型的人？"

对于候选人而言，面试毕竟是客场，在客场提这么有攻击性的问题是不太合适的。

许单单：关于面试，能否从 HR 视角输出一些独家忠告或实用技巧？

伍洋：我在面试中经常提一个问题："如果面试只有 3 分钟，你会说什么？"我希望候选人快速回答清楚自己对公司和岗位的理解，以及他认为这个岗位需要解决的核心问题，而他之前解决过类似的问题。面试是"台下十年功，台上十分钟"的事情，面试前一定要非常了解自己应聘的公司和岗位。在做好准备的前提下，建议真实地做自己，不要过度包装，否则面试官总能通过提问找出破绽。同时也不要太紧张，轻松一点，把面试看成一次谈话就可以了。

年轻人最核心的能力
是解决问题的能力

凤凰网 HRVP 袁娜

凤凰网 HRVP 袁娜认为，解决问题的能力永远是年轻人职业成长中最核心的能力，也是她最看重的点。同时她分享了培养解决问题能力的两点建议：快速学习和保持勤奋。关于职业规划，袁娜认为其有必要性，但最终只有热爱自己选择的工作，才能游刃有余地释放兴趣和才能。

许单单：在你看来，那些最终发展不错的年轻人身上有哪些闪光点或核心优势？

袁娜： 对于年轻人的职业成长来说，解决问题的能力是最核心的，也是我最看重的。

解决问题的能力可以分为四个维度的素质：一是格局和远见要足够，二是知识储备和学习能力要很强，三是够勤奋，四是在智商面和情商面都积累了一定的人脉与资源。这些素质综合在一起，共同决定了一个人解决问题的能力和效率。

许单单：如何提升解决问题的能力？能否分享一些表现突出的职场案例？

袁娜：快速学习和保持勤奋。格局或智商可能因人而异，但快速学习和勤奋是可以通过客观量化的手段快速提升的。快速学习本身并不是目的，而是为了创造更大的岗位价值，争取更大的职业成长空间。

从凤凰网内部数据来看，那些表现突出的年轻力量在入职几年内一般都会经历一个高速成长的阶段，他们会充满好奇心，主动收集大量行业 know-how 信息，与上级同事频繁沟通，通过高质量信息输入和整理凝练，形成量化分析结果，并将结果合理地运用到自己的岗位。

比如我们有一位新闻编辑，我刚认识他的时候，他甚至都无法在述职会上进行有逻辑的表达。但短短几个月后，他已经能熟练地横跨技术、新闻、内容等部门，主导问题驱动的深度谈话。这是因为他在这几个月不断学习新闻行业知识，与领导、同事沟通，快速定位清楚了自己的短板，随后制定了清晰的量化成长目标。凭借勤奋和刻意练习，他最终把沟通变成了自己的强项，岗位产出也非常快。他现在是我们非常年轻、非常优秀的核心骨干。

许单单： 有没有一些重要的成长规则是被当下年轻人普遍忽视的？

袁娜： 对于规则、底线的敬畏。年轻人思想更自由，更富有创新力和激情，在他们的意识中，可能只要做出结果，对有些东西不必那么较真。但是，对于任何一家发展到稳定阶段的公司来说，没有规则和底线都是不可以的。

许单单： 对于即将步入职场的大学生，你会分享哪些成长建议？

袁娜： 第一，关注自己所学专业与职业岗位的匹配度。评估一下你的专业、你想做的事情和你正在做或准备去做的岗位的契合度有多少。

第二，定义清楚自己的职业短期规划和长期诉求。最好要有五年内的规划。职业规划能够帮助我们更清晰、更理性地为未来的职业成长做铺垫。尤其是现在的年轻人，他们带着一腔热血从学校步入职场，但他们其实面临着很不一样的环境，我们应该帮助他们做好职业规划，激励他们将这腔热血合理地运用到职场和社会中。最终，规划到底适不适合当下的发展，还是需要自己去评估，至少在不同的历史阶段和经验阶段，要去回顾自己的业绩产出。

第三，持续进行自我成长。年轻人要能够成功，自我成长的内在诉求一定是必备因素。

第四，热爱自己选择的工作。这是我的最后一条忠告。很多人都愿意从事自己热爱的工作，可能大部分人最终不一定实现了，但无论如何，热爱你所选择的，你才能在这个岗位上游刃有余地释放自己的兴趣和才能。

许单单：关于面试，能否从 HR 视角输出一些独家忠告或实用技巧？

袁娜：第一，体现你的专业匹配度。告诉面试官你以往的经验、学业和公司招聘的岗位是有一定契合度的，且你愿意在这个岗位上不断学习和成长。

第二，提前做好功课。你可以通过招聘信息、公开渠道、官方网站、体验实体产品等方式，了解公司的发展历程、前景、文化、愿景。一个聪明的候选人应该提前做好功课，以便具备在面试现场与面试官深度对话的信息储备。与面试官的深度探讨会给你加分不少。

十年 HR 视角，
谈人才的卓越之道

安恒信息 HRD 吴澄

安恒信息 HRD 吴澄是一位优秀的 HR 人才，并且一直在持续赋能更多人的成长。他给我们分享了成长道路上必不可少的四种特质：成就驱动、强目标感、乐于助人和积极阳光。他还基于他自己的亲身经历和日常实践，提醒我们在日常工作中培养自己的"职场惯性"。不积跬步，无以至千里。只有做好每一件小事，按照高标准去要求自己，才能在平凡的工作中成就卓越。

许单单：回顾从新人到资深管理者的过程，你是怎么做到快速成长的？

吴澄：我 2011 年走出校园步入职场，在机缘巧合之下走上了人力资源这条职业道路，至今已正好十载。10 年来，在人力资源这个角色上，我越做越发觉其中的乐趣，现在都觉得自己没有后悔做出当初的选择，也一直会坚持下去，践行"帮助更多人"的职业初心。

回忆毕业之初，我和大多数毕业生一样，在刚刚踏上职场的前几年对于自己的职业生涯完全没有计划和想法。虽然大学期间我也接受过职业生涯规划指导，但是职场的实际环境和学校的理论指导还是有巨大差别的。虽不知前途如何，在一个不错的平台上，我在优秀前辈的带教下，还是在不断收获成长，并在这种无知无畏的感觉中一路坚持下去。

直到做人力资源的第三年，我在很多工作上都能够独当一面了，在人力资源的基础知识和技能上也已经有了不错的沉淀，当我开始需要赋能更多公司里的人才时，有一个问题一直困扰着我：作为一个人力资源工作者，我的职业生涯该如何有效规划？

带着这个问题，我极力思考并寻求正解。有一天，我坐在办公室里，突然停下手中的工作，脑子里闪过一个念头："在我可以看到的范围内，我最崇拜的人力资源同事是谁？他是不是我的学习榜样？我可以达到他的能力水平吗？我该怎么做？"我沿着这个念头赶紧深入思索。

这个问题是不难回答的，我们公司人力资源部门的最高领导是HRD，在公司HR团队乃至公司高层中，HRD是我们这些HR菜鸟的大神。但是，一个人的案例就可以支撑我研究这个问题吗？显然有点单薄。于是我查阅了各大招聘网站的HRD招聘条件，发现"工作经验满 8~10 年"是共同的要求。于是，我默默给自己定下了第一个大胆的职业发展目标：在我工作 7 年之时，要成为一家公司的 HRD。为什么是 7 年？因为比 8 年早一年应该算优秀一些吧。

回顾这 10 年的学习和成长，我一直认为正是当年这个小小的调研和决定，让我在工作 7 年时如愿以偿地实现了职业目标，也让我有信心继续刷新更高、更远的职业目标。

许单单：在你看来，那些优秀的年轻人身上都有什么特质？

吴澄：我从事 HR 工作 10 年，作为 HR 面试官为公司筛选和识别人才也大概有 7~8 年时间，这些年我在社会招聘和校园招聘中面试过的人应该超过万人了，其中校招占了很大的比例。在我面试过的人中，都有一定比例的人最终发展得不错，这个比例也遵循了团队绩效的正态分布规律。前 20% 的高绩效人才，之所以获得好的发展，一定是因为他们身上有某些共同的特质。虽然这些人在不同的岗位上有不同的特质组合，但是往底层探索就会发现，他们有着共同的核心特质，包括成就驱动、强目标感、乐于助人和积极阳光。

成就驱动是一个人做事的出发点，人生观、价值观、事业观决定了他的动机，其实一个人对工作的态度来源于他对生活的态度、对人生的态度。换句换说，一个靠外在力量驱动的人，本质上是没有成就感的，因为所有的成功都意味着别人的成功，而与他本人无关。

强目标感，代表一个人做事的成功概率，准确地说是持续成功的概率。主动给自己设置120分挑战目标的人，最差也会超过100分；而给自己设置90分目标的人，最终大都只能得到70~80分。

乐于助人，不仅仅是"做雷锋"，还要有利他信念，具备感染和影响身边人的能力，就好比做一个"邮差弗雷德"。乐于助人的人都能拥有良好的人际关系，善于整合身边的资源。

积极阳光是一种对待人和事的态度，做事态度先行，也是做人的基础。

看看身边所有"平步青云"的职场人，他们在上述四个维度都有着闪光点，并且始终坚持如初。我印象最深刻的是小A同学——一位我在2015年面试并录用的应届生。小A同学本科学葡萄牙语，毕业后进公司做了海外销售工程师。在入职培训阶段，作为一个文科生，他在学习复杂的产品知识时还要恶补非常多的知识。一个月下来，小A记了满满一笔记本的技术词汇、产品术语，并且她一直随身携带着这个充满可能的笔记本。有一天，我翻开她的笔记本和她闲聊，问她能够这样坚持多久。她笑着思考了一下，回答道："直到实现我的目标呀。"

其实，有太多职场人都不如这个刚刚毕业的应届生，因为他们没有自己的目标。看到这里，可能有很多朋友会反驳说我们公司都有 KPI 考核目标。其实，外界输入的目标不能叫真正的目标，应该叫任务更为准确。每个人的职业发展目标和任务的区别是，目标需要是长远的、完整的。长远意味着一个目标的结束需要有另外一个目标来延续，很快中断的目标不会成为职业生涯规划的一环。完整是指除了完成任务以外，更应该思考能力、格局上的成长，"只对事，不对人"的目标也不会成为职业生涯规划的目标。

每个人在职场中打拼就好比驾一叶扁舟搏浪，个人是非常渺小的。如果没有目标，小船的命运大都只能止步于江河之中，只有扬起目标之帆，才能遇见星辰大海。

许单单：可以分享几条帮助年轻人高效成长的日常行动指南吗？

吴澄： 在漫长的职业生涯中，我们并无多少机会可以遇见"彩虹"，大部分的时间都是在日复一日的重复中度过的，尤其是工作了七八年之后步入平稳期，我们只能靠着"职场惯性"继续发光发热。这些"职场惯性"产生得非常自然，能够解决工作中遇到的任何问题，甚至问题会主动为这些"惯性"让路。这些"惯性"到底是什么，会拥有如此神奇的力量呢？

在物理世界，惯性的产生是因为有外力的作用。而在职场世界，惯性的产生除了有外力的输入，更有内力的作用。这些"惯性"大都习得于初入职场的阶段，在一个平台和团队中，优秀的职场习惯总是一种很明显的存在，就只差你去敏锐关注它，然后模仿它，最后坚持成为自己的习惯。但是对于没有掌握"职场惯性"的伙伴来说，它们都是在日常工作中极其容易被忽视的小细节，虽然影响不大，但有时候"侮辱性极强"。

在众多的"职场惯性"中，我建议你重视有效沟通和逻辑构建。

大家都不会质疑沟通在职场中的重要性，无论是哪一类岗位和角色，都不能无沟通而开展工作。那么，什么是有效沟通呢？

我认为有效沟通需要至少做好以下两点：首先是善于倾听。沟通从倾听开始，一个善于倾听的人，是可以做到有效沟通的，不是着急表达或者善于表达的人就善于沟通。倾听也有助于换位思考、升维思考，放大自身的视野和格局，看到更大的世界。其次是主动反馈，很多时候，当你把一件事交给下属或者同事之后，心里一直期望这件事能有一个及时和有效的反馈。但是恰恰有一些伙伴会以为只要把事情完成就好，并不需要反馈给别人，从而降低了身边人的期望，浪费了这份"好评"。

大家都认为逻辑很重要，但是往往不知道如何去训练和提高自己的逻辑思维能力。我认为，逻辑要靠无数次的构建习得，

"冰冻三尺非一日之寒"。我推荐大家在日常工作中坚持使用两个工具，首先是思维导图，无论是写策划方案、项目复盘还是工作总结，你都可以用思维导图让自己的思绪变得层次分明、系统完整、流程清晰。其次是PPT，将自己的思路用可视化的方式呈现出来。制作PPT的过程，会要求你简单直观地展现逻辑，会要求你提炼归纳和形象演绎，将原本复杂的事务描述成更多人都能快速理解和记忆的内容。

无论是有效沟通还是逻辑构建，都可能存在于日常的一次汇报、一次总结、一次谈话中。它们无处不在，却不易做好，更不容易持续做好。就算再小的事，都按照高标准去执行，才能在平凡的工作中成就卓越。

希望所有步入职场的新人，或者在职场中思考前行的朋友，都能找到属于自己的"卓越之道"，并能分享和推广你的经验，让所有职场人都能扬帆远行，乐在其中。

后记

开眼界、长见识,主动经营高质量的人际关系,通过被看见让机遇上门,用"假装"启动自我蜕变的第一步,用相对优势为自己争取更大的赢面,退一步看长期、算大账,通过满足对方来满足自己,选择具备火箭速度和符合天性优势的职业……将这8条职业成长的具体原则和其中的方法整体串联起来,我们不难发现,这些原则背后都是1.01指数级增长的规律使然——眼界、人脉、机遇、自信、优势、眼光、能力、选择的作用就像资产的增值,当你拥有了一些后,你就可以轻易地拥有更多。

"人生就像滚雪球,重要的是发现很湿的雪和很长的坡。"正如巴菲特所言,人生是一场长跑,我们要做的只是在顺应规律的方向上坚定地积累,耐心地等待,等待事物发生质变、指数级跃迁被触发的那一刻。如此看来,一个人的职业成长看似复杂,实际上一则数学公式便可言明。

而回到一切变化的原点，让指数级成长发生的根本动力只能源自你的内心，别人无法真正给予你——你觉得自己应该是一个优秀的人，你才会愿意总是多付出一小时，总是多做一点，总是多逼自己一下，总是往前多走一步。功不唐捐终入海。

但成长的规律性并不能抹去命运的随机性和偶然成分，就像一棵树的生长过程中，阳光、雨露都是大自然的不定时馈赠，尊重规律也并不一定会有好结果。我们在什么阶段、遇到什么人、获得什么启发、开启什么征程，这些事情在真正发生之前都是不可知的，也就构成了很多人眼里的运气成分。

从命运的角度来看，与其说我选择了这条路，不如说是这条路从我过往的经历中生长了出来。我所分享的规律和方法也绝不仅仅来自我个人，而是无数师兄、前辈、同事、朋友甚至萍水相逢的陌生人在我生命不同阶段慷慨馈赠的溪流汇聚而成。回到我职业成长的第一站，如果不是当时腾讯那场笔试的监考官好心放我进考场参加"霸王笔"，我就不会进入腾讯，也就不会有深入研究互联网行业的机会。也有很多时候，你和另一个人只是恰好遇见，共同度过一段时光，然后他成了你的贵人。如果不是14年前夏天在那趟北京飞往深圳的红眼航班上与杨国森大哥的偶然邂逅，如果在排队登机时大哥没有友善地帮我提行李，在飞机上没有对我这个小兄弟不吝提点，就不会有后来活跃在北大深圳校友会的许单单，不会有后面的一系列成长故事。

年轻的时候，我们总是很难拥有规划未来的思维认知储备，但我们多多少少有些机会结识比我们大好几届的师兄师姐，甚至十分幸运地在此过程中收获一些人间至美的忘年情谊。如果说我在二十几岁的时候就有了一些超出同龄人的思考，那在很大程度上是拜我敬爱的北大师兄李国飞所赐。在我还是一张"白纸"的时候，师兄将我视为朋友，不吝分享他的人生智慧，我在成长过程中很多实用的思考和正确的道路选择都源自他的教诲。

命运的随机性总是无处不在。如果不是2010年在清华企业家协会会长杨向阳前辈家中那场令我醍醐灌顶的对谈，我不会选择回国创办3W咖啡。在我经营3W咖啡最迷茫的2013—2014年，弘道资本创始合伙人张逸龙前辈多次以高屋建瓴的视角帮我看清局面，指导我重新找回相对优势，于是我在后来的探索中孵化出了拉勾。

人生像走阶梯，每一阶有每一阶的难点，也有每一阶的贵人缘。2016年我受邀参加湖畔大学入学面试，并且很幸运地被录取，有了机会当面聆听马老师的教导，湖畔课堂上那些关于组织管理的精辟见解更令我醍醐灌顶。当然也少不了湖畔大学敬业的助教朋友和工作人员帮我牵线搭桥，在他们和组织培训领域优秀专家的帮助下，拉勾在2018年实现了组织能力的重大跃迁。

我还要感谢3W咖啡的183位初始股东，他们毫无保留的信任和真金白银的支持赋予了一个28岁年轻人无穷的可能性，我在经营3W咖啡和拉勾的时光里收获了最宝贵的经历财富。我同样无比珍视那些共同奋斗的3W咖啡和拉勾同事，他们身体力行地践行着"极度努力、超额回报"的规律，他们是我创作本书最鲜活的灵感源泉。

感谢我的好朋友、当年一起睡在腾讯集体宿舍的兄弟徐文鹏、苏家淦，他们给本书贡献了诸多精彩的成长故事和成长观，这些充满闪光点的文字和思想令我自叹弗如，他们对我的支持和启迪我会永远铭记。感谢凤凰网的袁娜女士、曹操出行的方瑾先生等企业HR负责人，他们以令人如沐春风的态度配合我输出了极其真诚、实用、富有见解的企业人才观，形成了本书中实用价值极大的附录部分，有赞、三七互娱等雇主品牌也是拉勾非常珍视和欣赏的合作伙伴。

创作一本书需要来自各个方面的帮助。在此我要感谢本书的编辑团队布克加BOOK+，他们为本书的编撰做了出色的工作。

感谢我的合伙人鲍艾乐，她几乎参与了书稿的每一次讨论，真诚地贡献了自己精彩的成长故事以及非常有洞察力和启发性的观点，如果没有她，本书会失色不少。感谢拉勾教育事业部总经理张贵彬，他不仅贡献了一篇精彩的成长故事，也用拉勾教育过去一年多的好业绩验证了1.01规律的有效性。我还要感谢那些给予我信任、愿意主动与我交流职业成长困惑的陌生朋友，他们的信任和认可是我写作本书的动力，更是我致力于帮助年轻人职业成长的动力之源。

在我 20 多岁时那些辗转难眠的日夜，是斯科特·派克、罗素、甘地、沃伦·巴菲特、查理·芒格、本杰明·富兰克林、霍华德·舒尔茨、卡莉·菲奥莉娜、拉里·弗雷特、俞敏洪这些全球顶级思想家、投资家、企业家、经理人记录在一本本著作中的真知灼见，为我带来了心灵上的启迪和无法衡量的情感慰藉，谨以此书向他们致以我的感谢与敬意。

我的几位 95 后弟弟妹妹为书稿提供的真诚反馈和支持使我获益匪浅，他们不仅严谨地审视着我的输出，对本书提出了中肯的读者意见，为我的写作带来了客观的第三者视角，也包容了我的啰唆，包容了这本书。帮助更多像我的弟弟妹妹们一样朝气蓬勃的年轻人拥有更好的职业生涯是拉勾的使命，也是我自己事业的长期目标，这个如同星辰大海一般的目标每天都激励着我。